"十四五"职业教育国家规划教材配套教材

全国水利行业精品规划教材　高职高专水利水电类
全国水利职业教育优秀教材

水利工程制图习题集

(第3版·修订版)

主　编　孟庆伟　刘　娟　沈　刚
副主编　张　剑　李毓军　付轶中　孙荣华
　　　　张　彦　王　茹　孙友良
主　审　董　岚

黄河水利出版社
·郑州·

图书在版编目(CIP)数据

水利工程制图习题集/孟庆伟,刘娟,沈刚主编. —3 版. —郑州:黄河水利出版社,2020.8 (2023.8 修订版重印)
全国水利行业精品规划教材
ISBN 978-7-5509-1066-9

Ⅰ. ①水… Ⅱ. ①孟…②刘…③沈… Ⅲ. ①水利工程-工程制图-高等职业教育-习题集 Ⅳ. ①TV222.1-44

中国版本图书馆 CIP 数据核字(2020)第 075244 号

组稿编辑:王路平 电话:0371-66022212 E-mail:hhslwlp@163.com
陈俊克 0371-66026749 hhslcjk@126.com

出 版 社:黄河水利出版社 网址:www.yrcp.com
地址:河南省郑州市顺河路黄委会综合楼 14 层 邮政编码:450003
发行单位:黄河水利出版社
发行部电话:0371-66026940、66020550、66028024、66022620(传真)
E-mail:hhslcbs@126.com
承印单位:河南田源印务有限公司
开本:787 mm×1 092 mm 1/16
印张:5
字数:110 千字 印数:20 001—24 000
版次:2009 年 9 月第 1 版 2020 年 8 月第 3 版 印次:2024 年 2 月第 6 次印刷
2016 年 6 月第 2 版 2023 年 8 月修订版

定价:20.00 元

第 3 版前言

本书是贯彻落实《国家职业教育改革实施方案》(国发〔2019〕4 号)、《国务院关于加快发展现代职业教育的决定》(国发〔2014〕19 号)和《水利部 教育部关于进一步推进水利职业教育改革发展的意见》(水人事〔2013〕121 号)等文件精神,依据教育部印发的《高等职业学校专业教学标准(试行)》中关于课程的教学要求,在中国水利教育协会指导下,由中国水利教育协会职业技术教育分会高等职业教育教学研究会组织编写的第四轮水利水电类专业规划教材。第四轮教材以学生能力培养为主线,体现出实用性、实践性、创新性的教材特色,是一套理论联系实际、教学面向生产的高职教育精品规划教材。

本书第 2 版在 2017 年由中国水利教育协会组织的教材评选中,被评为"全国水利职业教育优秀教材"。

为了不断提高教材质量,编者于 2023 年 8 月,根据在教学实践中发现的问题和错误,对全书进行了系统修订完善。本次修订以习近平新时代中国特色社会主义思想为指导,贯彻落实党的二十大精神,全面落实立德树人根本任务。

本书为全国水利行业精品规划教材《水利工程制图(第 3 版)》(刘娟、孟庆伟、沈刚主编,黄河水利出版社出版)的配套教材,《水利工程制图(第 3 版)》于 2023 年 6 月成功入选"十四五"职业教育国家规划教材,本书与其配套使用,编写思想、内容体系、章节编排与教材完全一致。

本书编写人员及编写分工如下:湖南水利水电职业技术学院刘娟编写第一章、第五章;辽宁生态工程职业学院孙友良编写第二章;河南水利与环境职业学院孟庆伟编写第三章;湖南水利水电职业技术学院张彦编写第四章;安徽水利水电职业技术学院沈刚编写第六章;宁夏葡萄酒与防沙治沙职业技术学院王茹编写第七章;河南水利与环境职业学院孟庆伟、张剑和辽宁生态工程职业学院孙荣华编写第八章;长江工程职业技术学院李毓军编写第九章;吉林水利电力职业学院付铁中编写第十章。本书由孟庆伟、刘娟、沈刚担任主编,孟庆伟负责全书统一规划和统稿;由张剑、李毓军、付铁中、孙荣华、张彦、王茹、孙友良担任副主编;由辽宁生态工程职业学院董岚担任主审。

由于本次编写时间仓促,对于本书中存在的缺点和疏漏,恳请广大读者批评指正。

编　者

2023 年 8 月

目　录

第一章　制图的基本知识与技能

字体练习

水利工程制图平立纵剖视断面枢纽总布置闸坝库

学校班级比例审核建筑农田材料单位毫厘米坡度结构电站涵洞渡槽游

1234567890ABCDEFGHIJKLMNOPQRSTUVWXYZØαβγδεηθ

abcdefghijklmnopqrstuvwxyz Ⅰ Ⅱ Ⅲ Ⅳ Ⅴ Ⅵ Ⅶ Ⅷ Ⅸ 123456789

1-1　制图基本标准(一)	班级		姓名		学号		页次	1

线型练习

1.在指定位置,照例补全各种图线。

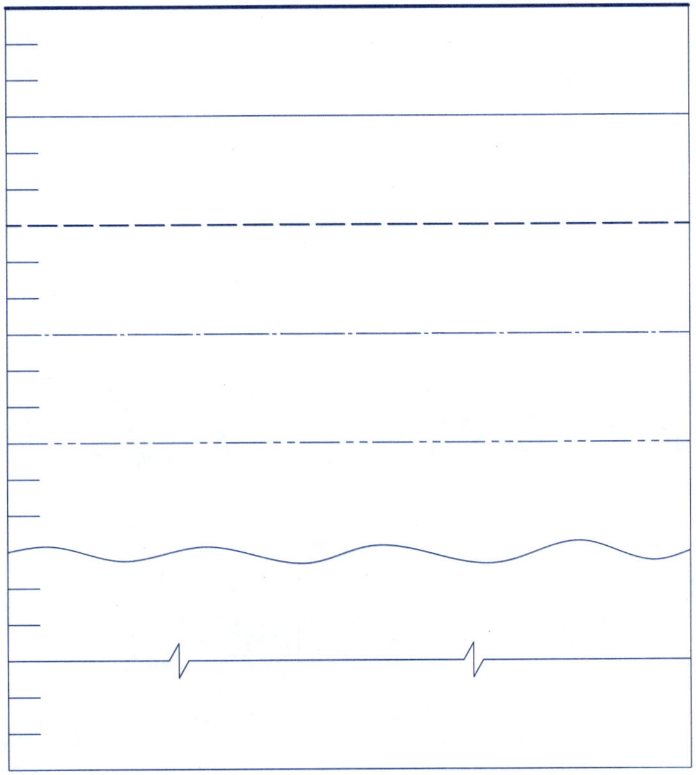

2.在指定位置,抄绘剖面材料符号。

班级		姓名		学号		页次	2

尺寸标注练习

1.在下列图形合适的位置处标注尺寸(数值按1:1从图中量取,取整数)。

(1)

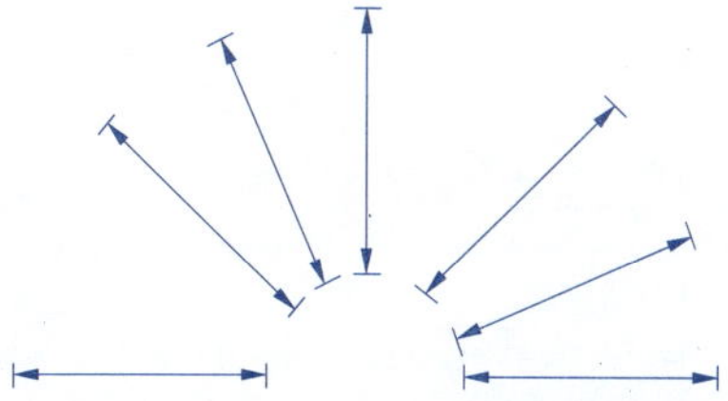

(2)

(3)

(4)

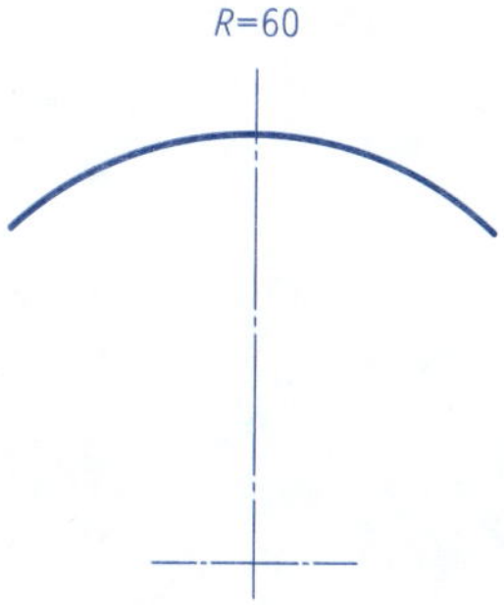

2.在下列图形中标注尺寸(数值按1:1从图中量取,取整数)。

(1)

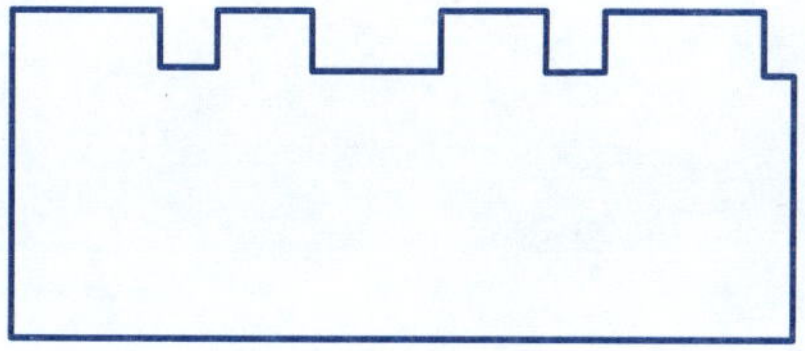

(2)

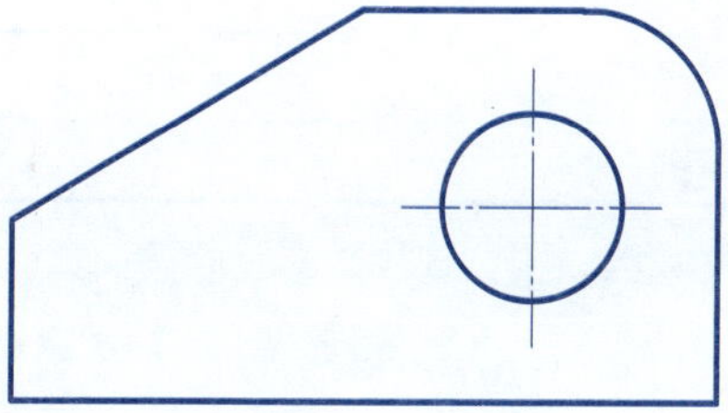

平面图形画法练习

1.用指定半径，在已知图形上作道路交叉口的连接圆弧。

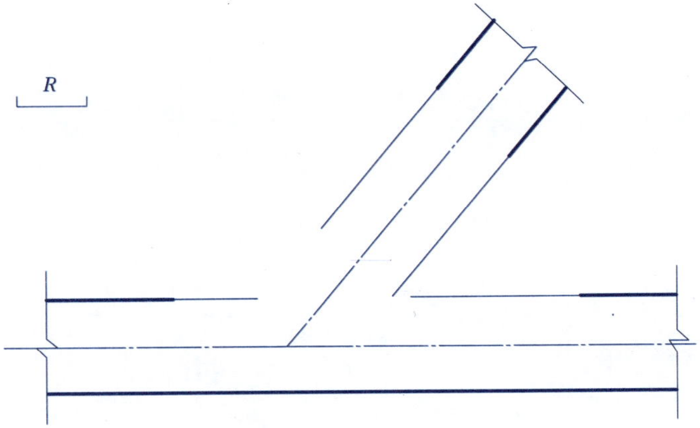

2.按 1:1的比例将图形抄绘在右侧，不标注尺寸。

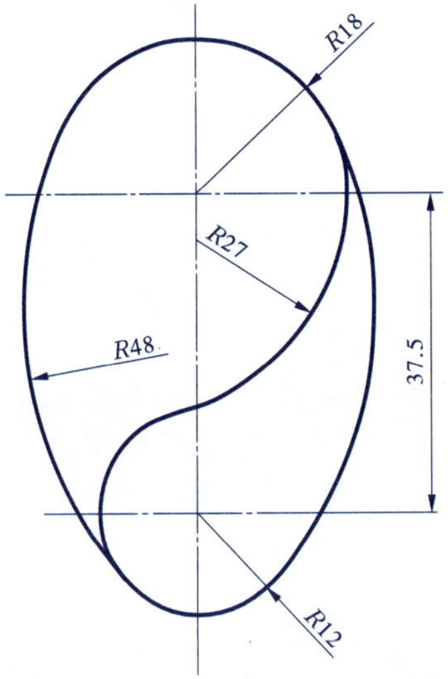

班级		姓名		学号		页次	4

平面图形画法练习

3.按 1:1的比例将图形抄绘在右侧,不标注尺寸。

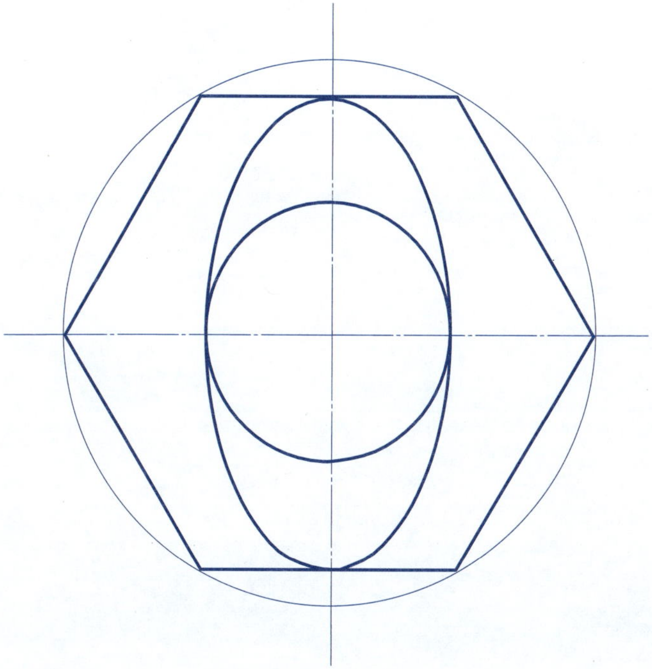

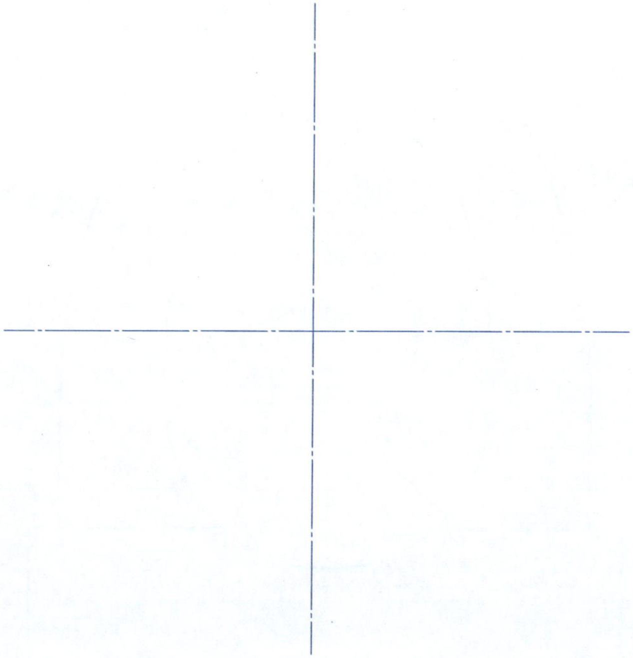

平面图形画法练习

4.按 1:1的比例将图形抄绘在空白处,并标注尺寸。

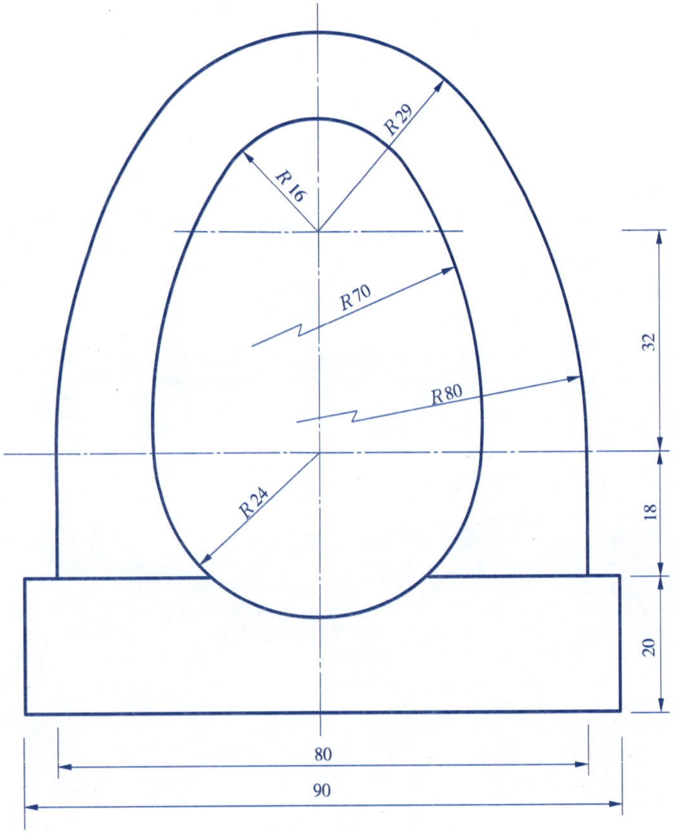

线型练习大作业

在 A3 图幅上按 1:1的比例抄绘图形,不标注尺寸。

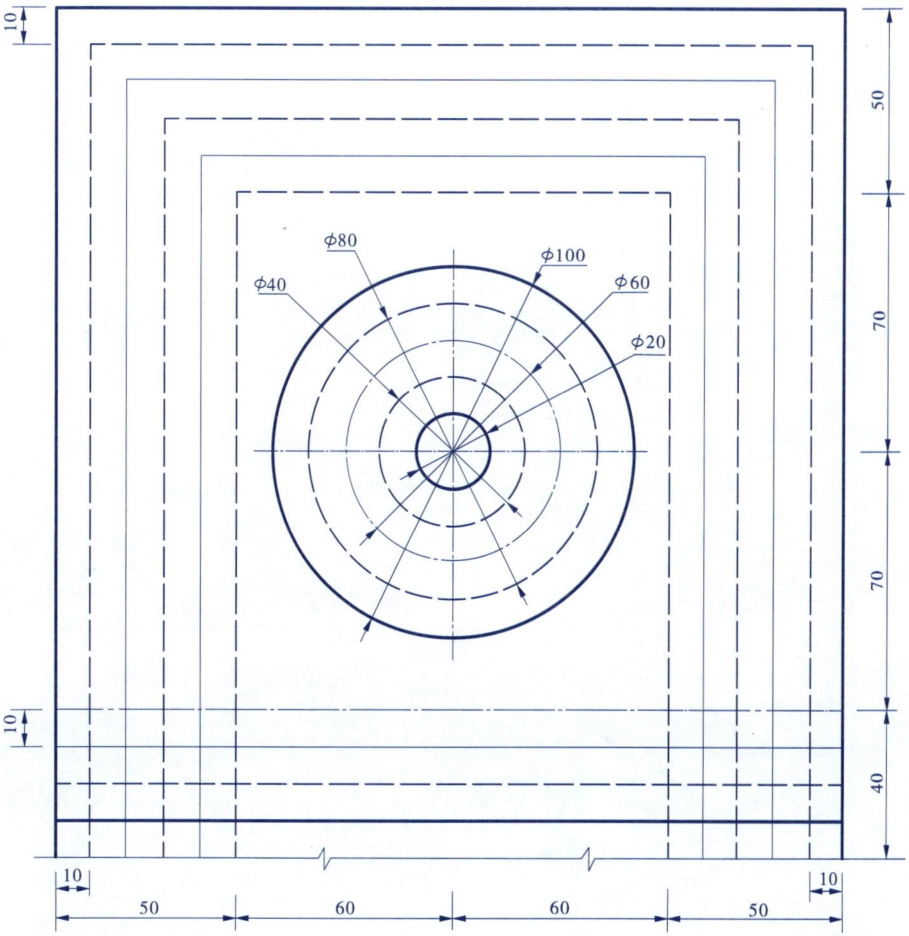

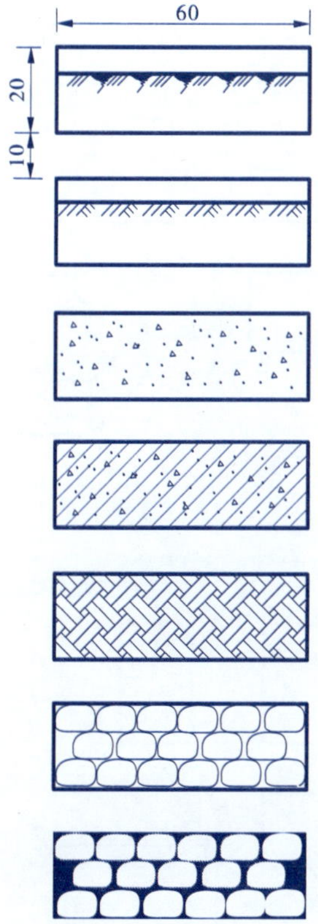

第二章　投影的基本知识

根据立体图补全三视图中所缺的图线

1.

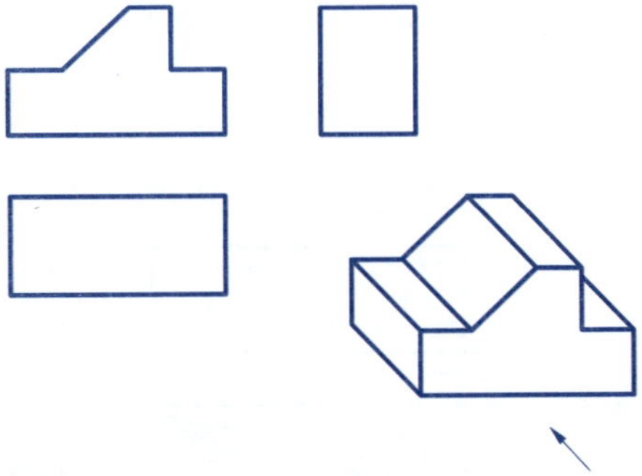

2.

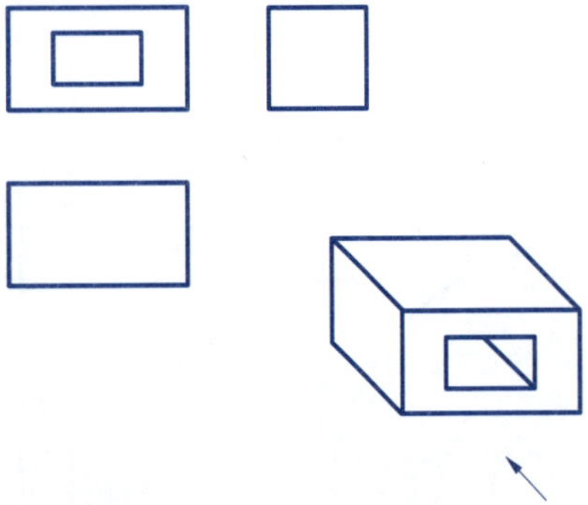

3.

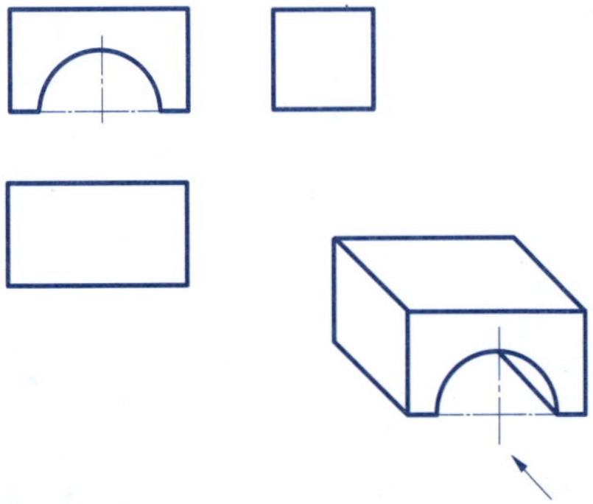

4.

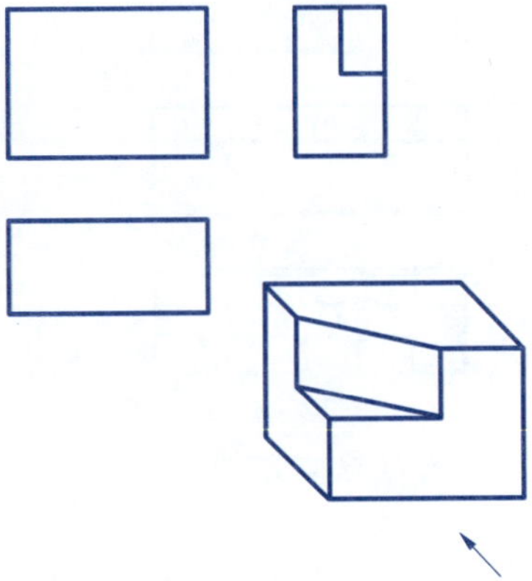

5.

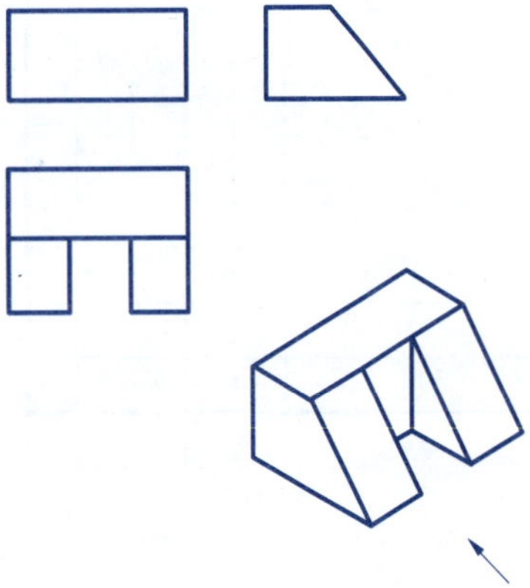

6.

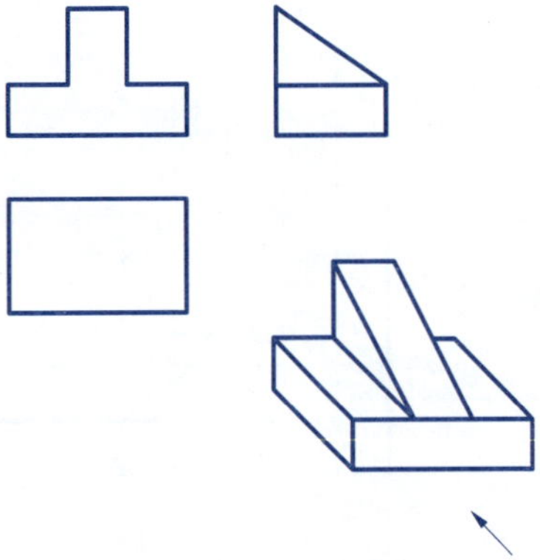

2-1　物体的三视图(一)	班级		姓名		学号		页次	8

根据立体图画三视图(尺寸在立体图上量取)

1.

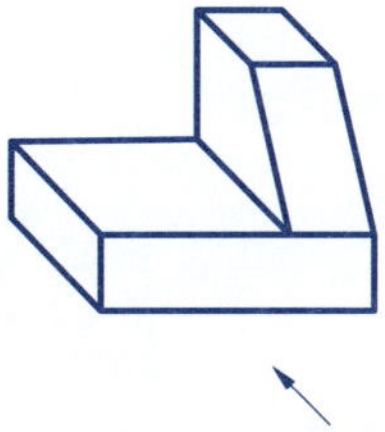

2.

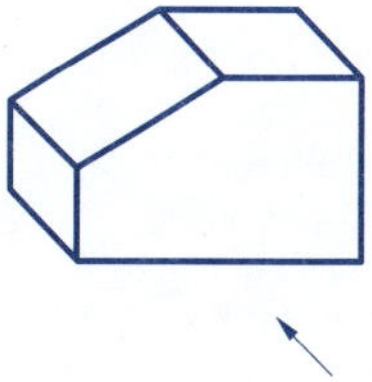

3.

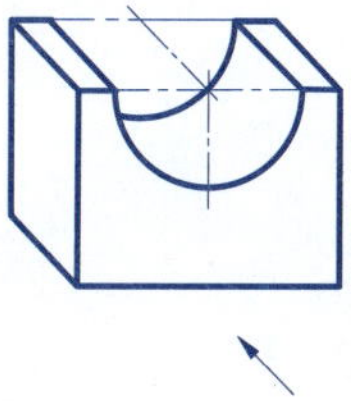

4.

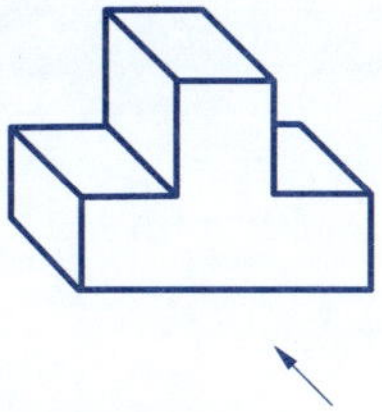

5.

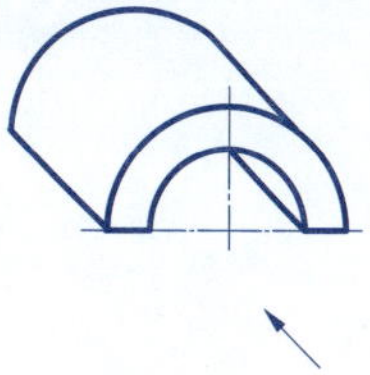

6.

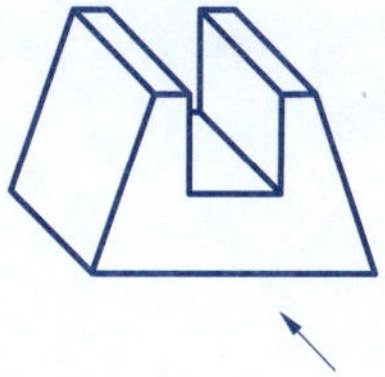

2-1　物体的三视图(二)	班级		姓名		学号		页次	9

根据立体图画三视图(尺寸在立体图上量取)

1.

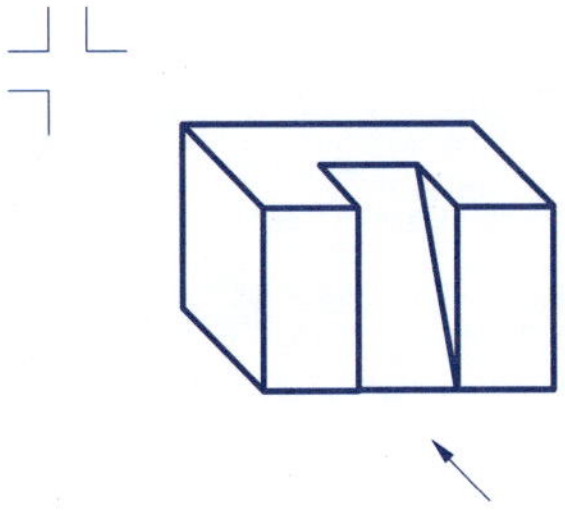

2.

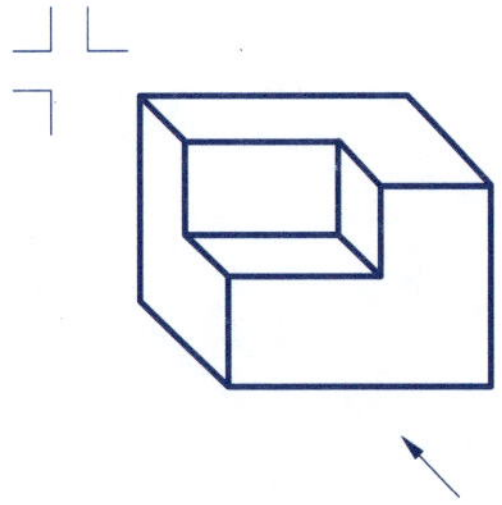

3.

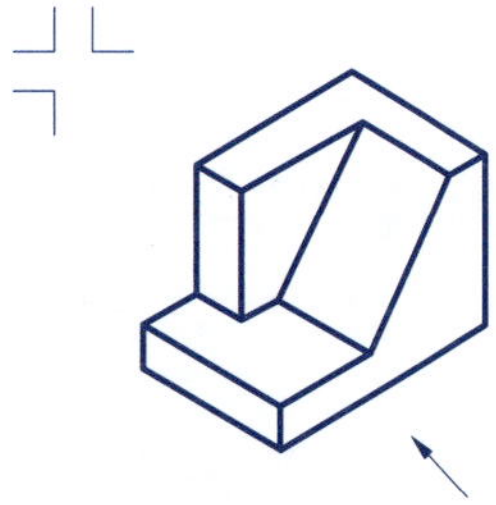

4.

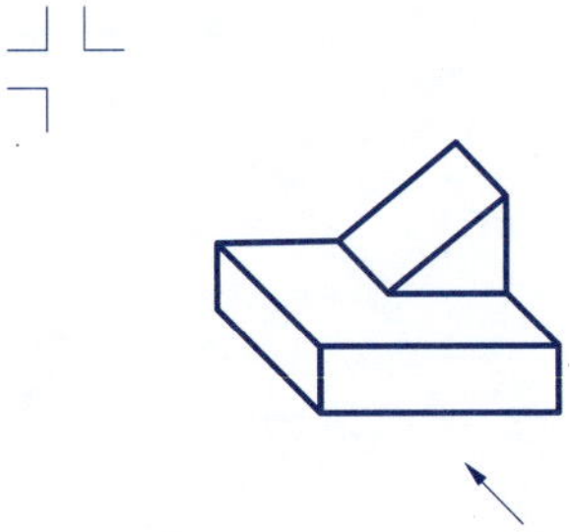

5.

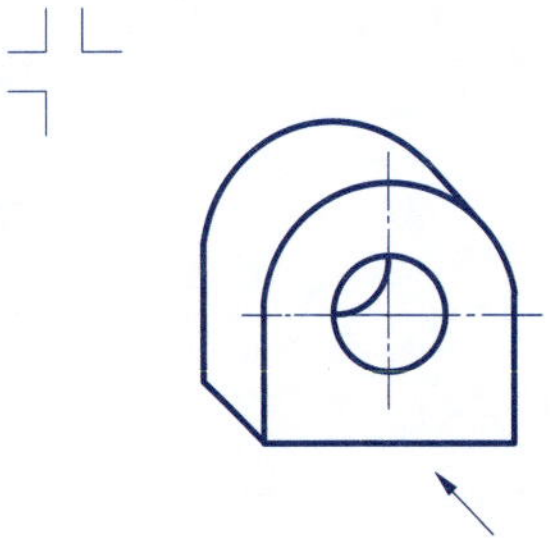

6.

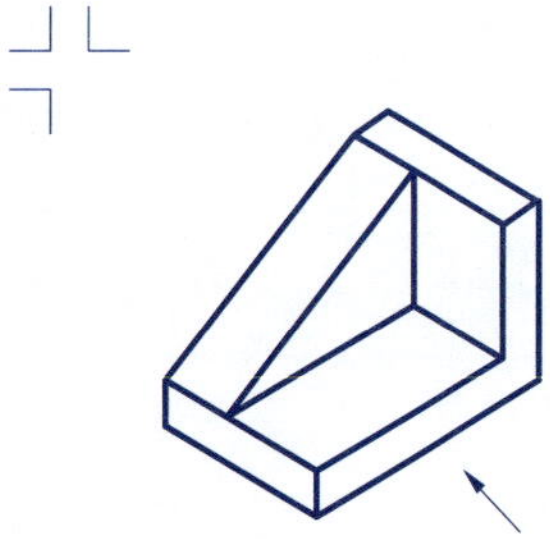

2-1 物体的三视图(三)	班级		姓名		学号		页次	10

根据要求完成各题

1. 已知 A、B、C 三点的两面投影，求其第三面投影。

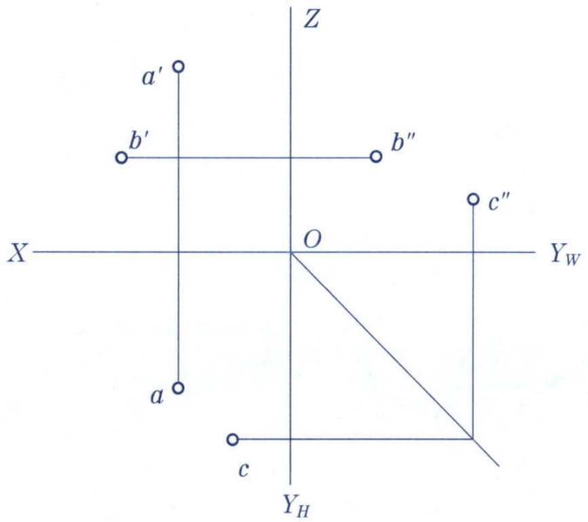

2. 已知形体的直观图和投影图，在投影图上标出点 A、B、C、D 的投影。

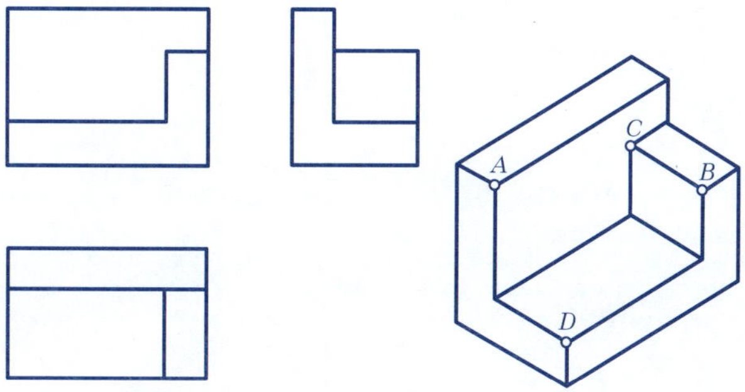

3. 已知点 $A(20,15,10)$、点 $B(10,7,20)$、点 $C(10,15,10)$，求各点的三面投影，并判断其相对位置。

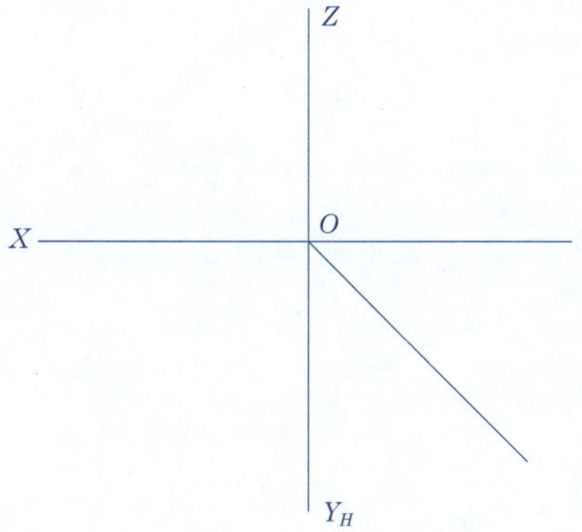

点 A 在点 B 的______方
点 B 在点 C 的______方
点 C 在点 A 的______方

4. 已知点 E 的两面投影，求点 E 的第三面投影。点 F 在点 E 的左方 15 mm、后方 8 mm、上方 10 mm，求点 F 的三面投影。

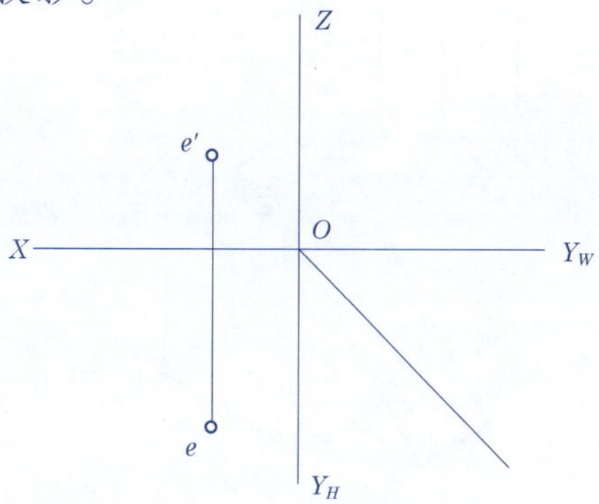

根据要求完成各题

1.已知点 $A(22,12,6)$、点 $B(5,18,20)$，试求直线 AB 的三面投影。

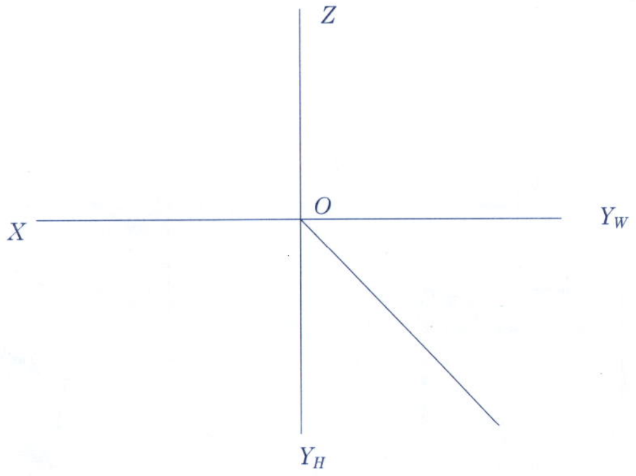

2.测定直线的实长，并标出其与投影面的倾角。

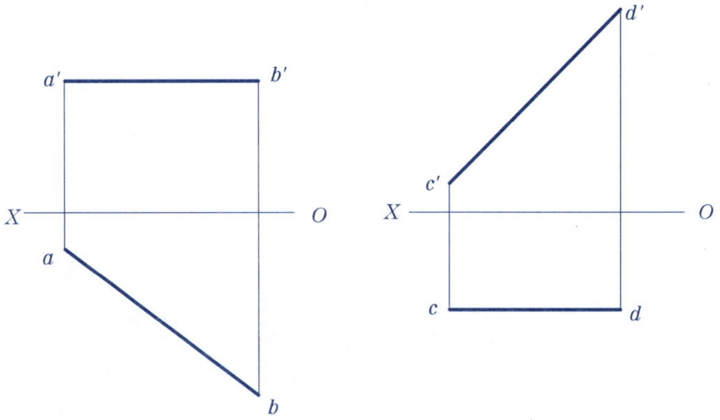

3.在投影图中标出立体图上各直线的三面投影，并写出其空间位置。

直线	空间位置
AB	铅垂线
BC	
DE	
EF	

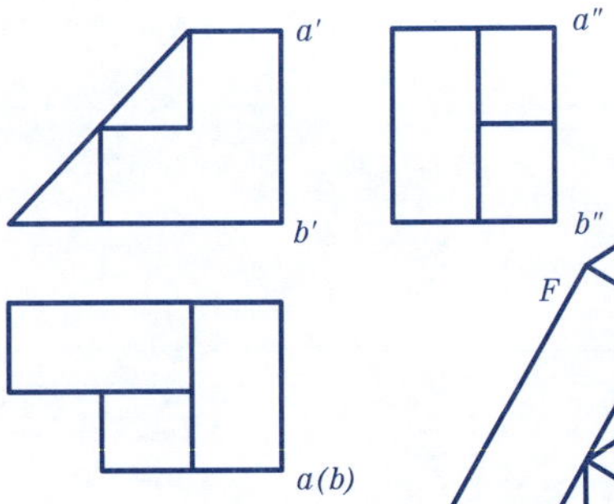

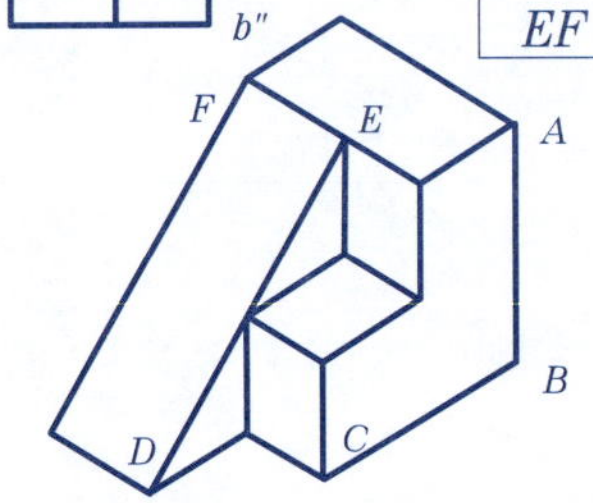

4.在直线 AB 上求一点 C，使 $AC:CB=3:2$。

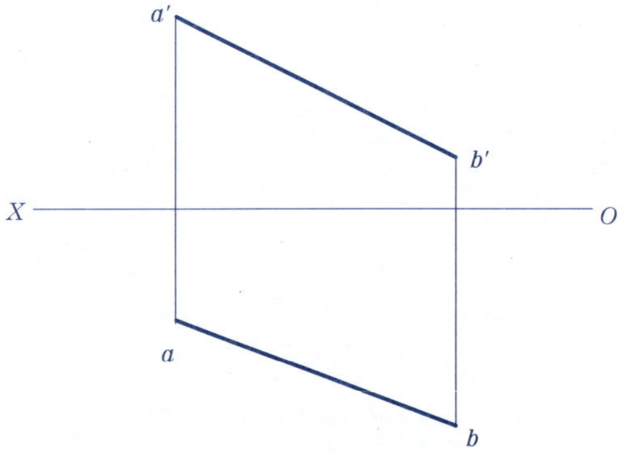

根据要求完成各题

1.已知各直线的两面投影,试求其第三面投影,并判断其对投影面的相对位置。

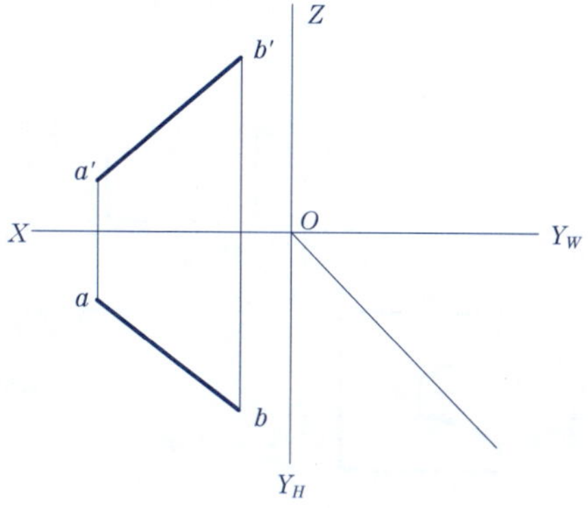

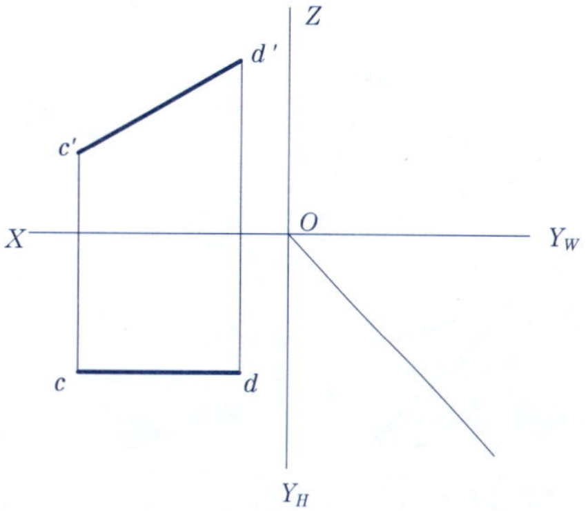

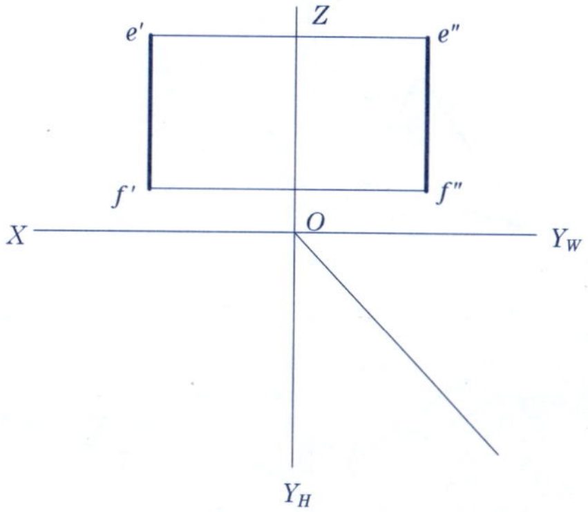

AB 是 ______ 线　　CD 是 ______ 线　　EF 是 ______ 线

2.判别直线 *AB* 与 *CD* 的相对位置(平行、相交、交叉)。

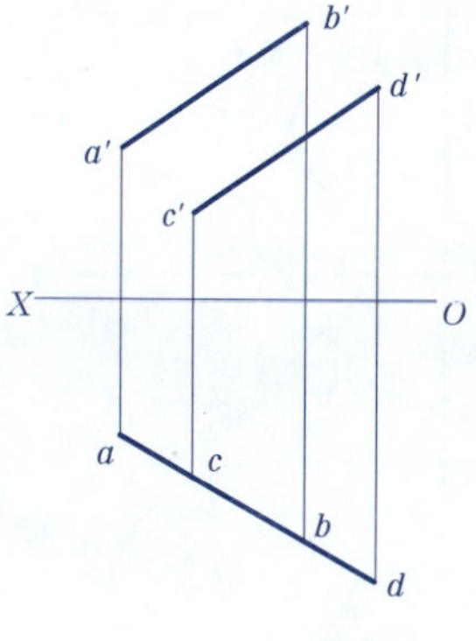

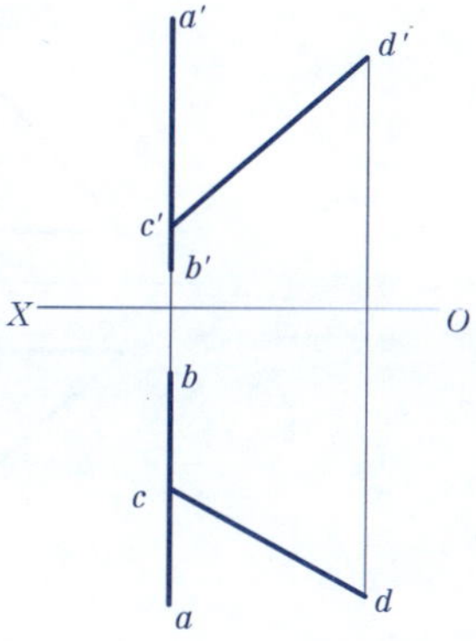

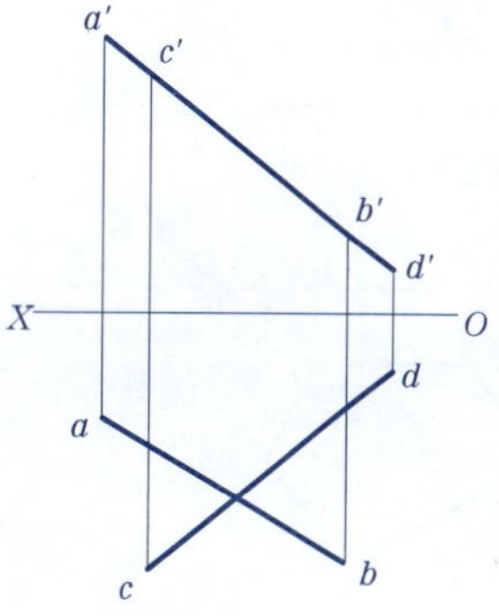

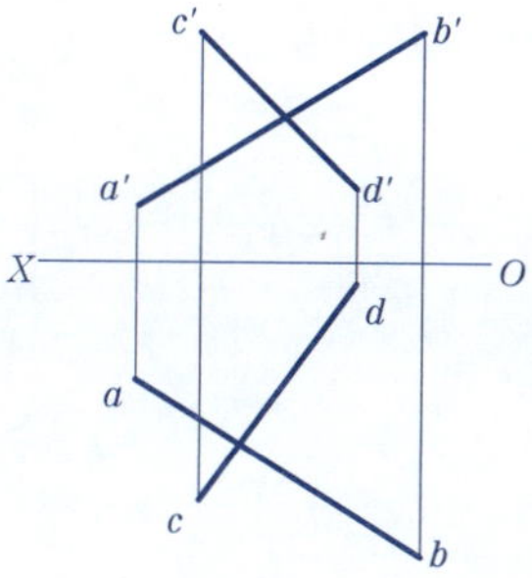

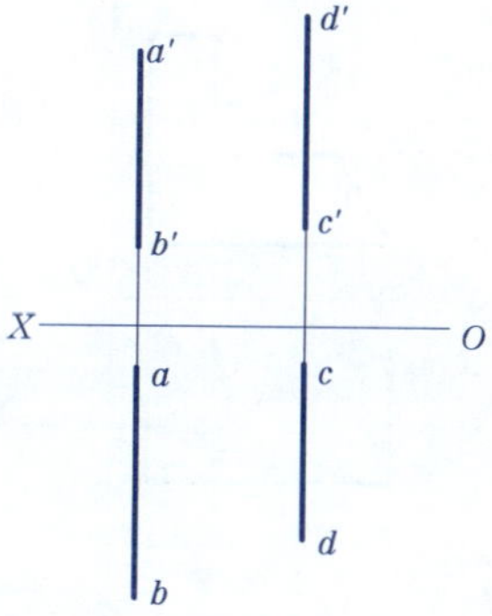

______　　______　　______　　______　　______

已知各平面的两面投影，试求其第三面投影，并判断其对投影面的相对位置

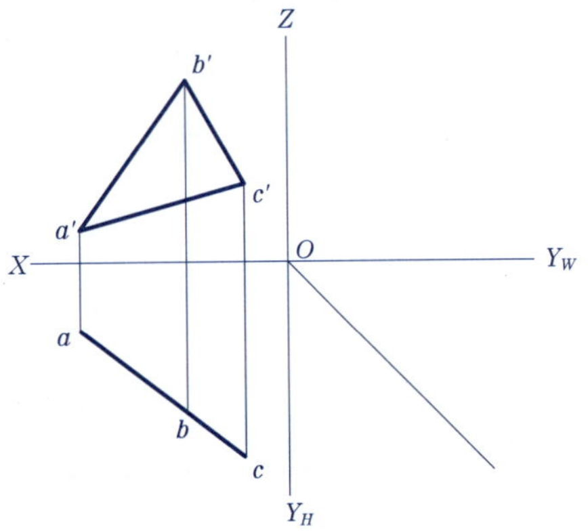

_____面

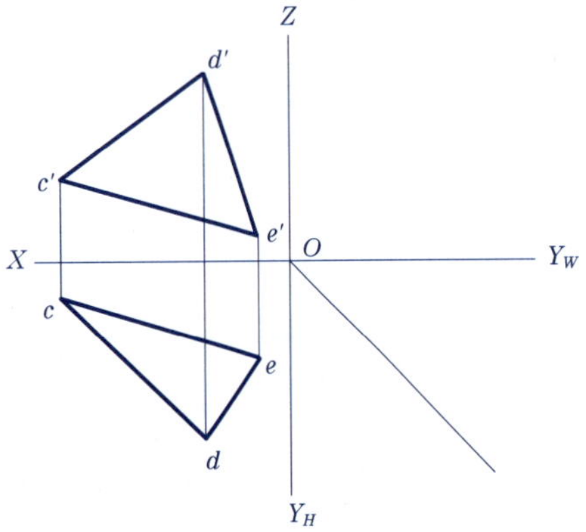

_____面

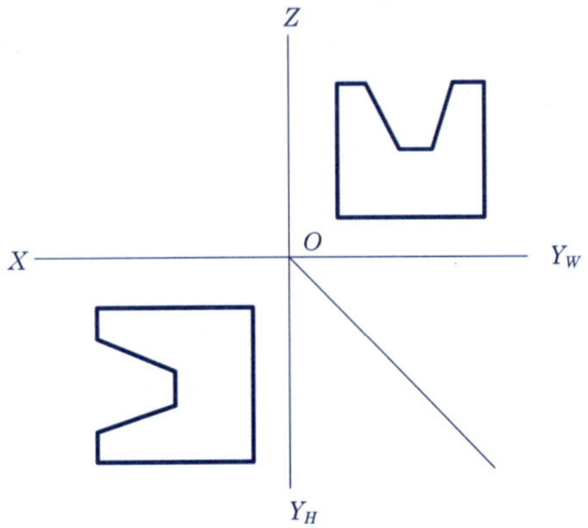

_____面

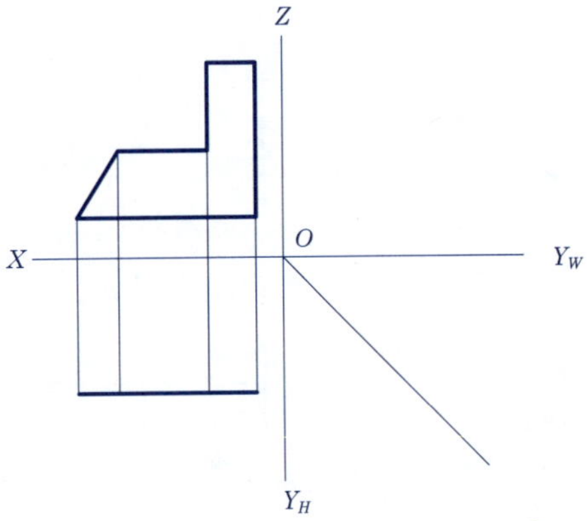

_____面

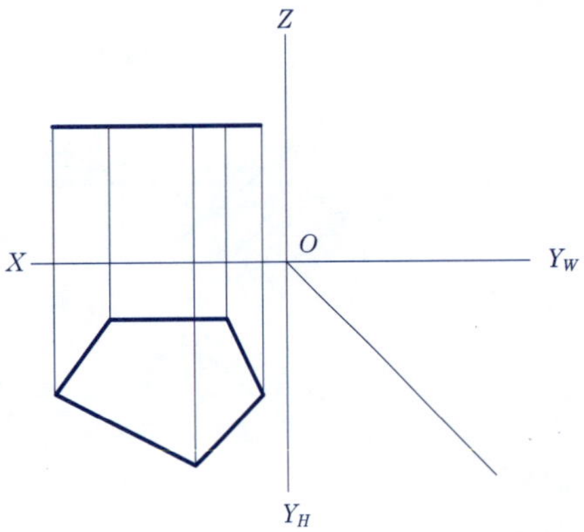

_____面

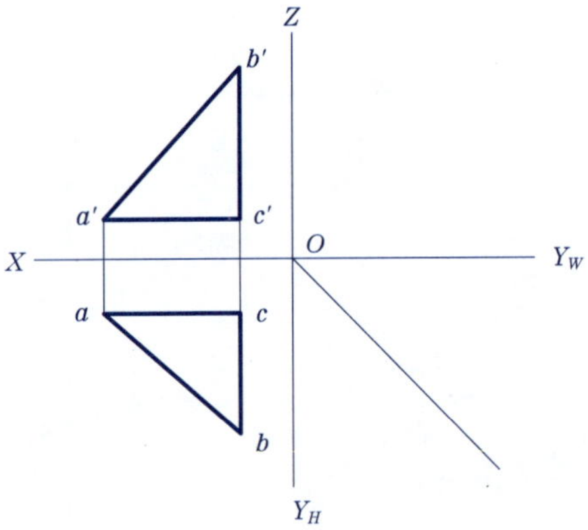

_____面

根据要求完成各题

1.已知点 K 在三角形 ABC 平面上，完成点和平面的三面投影。

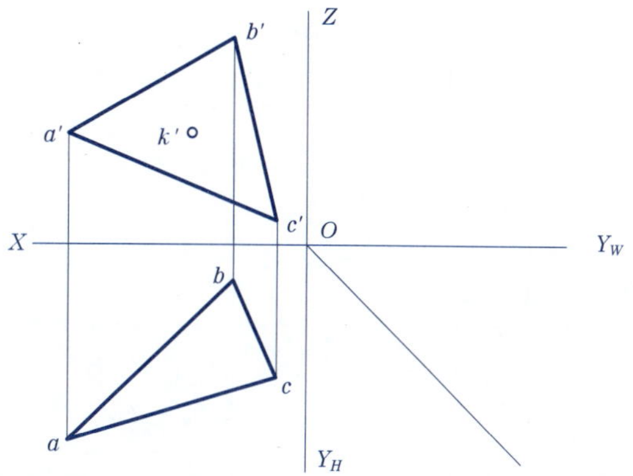

2.根据已知投影，完成五边形 $ABCDE$ 的正面投影。

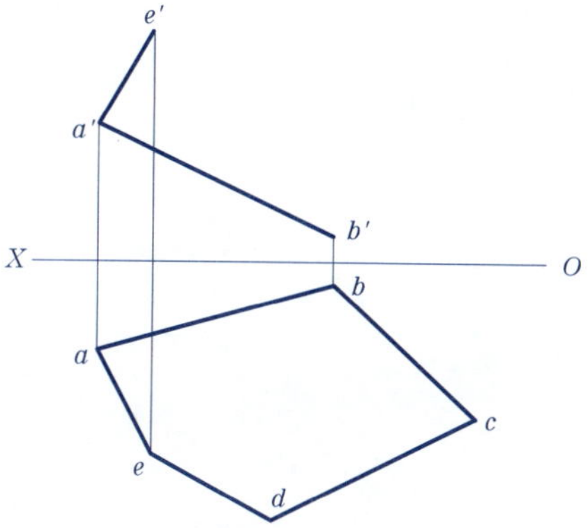

3.在投影图中标出立体图上各平面的三面投影，并写出其空间位置。

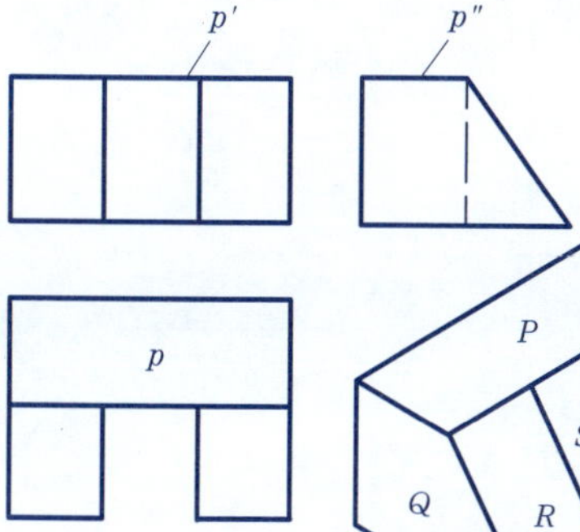

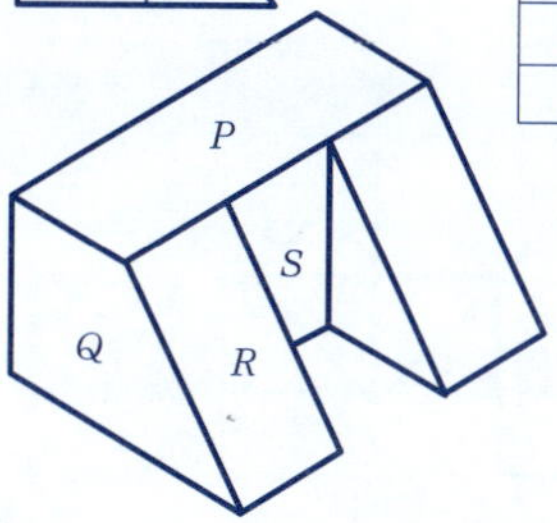

平面	空间位置
P	水平面
Q	
R	
S	

4.在三角形 ABC 上作一条距离 H 面 15 mm 的水平线 EF 和一条距离 V 面 18 mm 的正平线 GH。

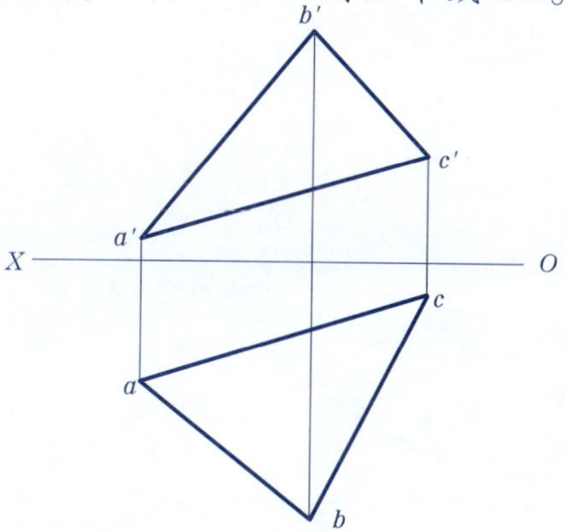

第三章　立体的投影

根据已知条件完成平面体的三视图

1.两底面距离为 28 mm 的五棱柱。

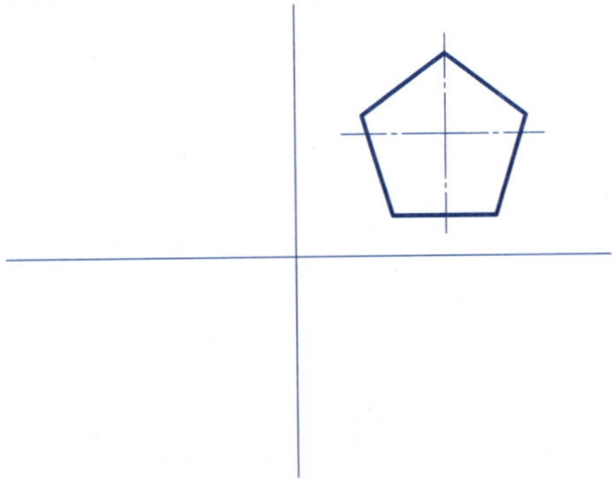

2.两底面距离为 20 mm 的直棱柱。

3.高度均为 20 mm 的四棱台和三棱柱。

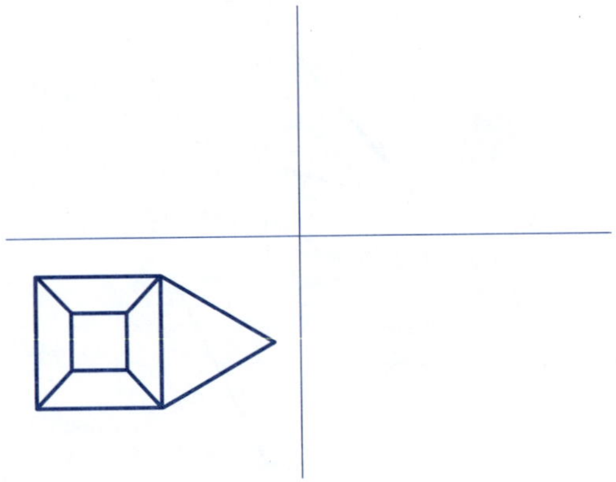

4.水平放置的正三棱柱和同一水平面上高度为 20 mm 的四棱锥。

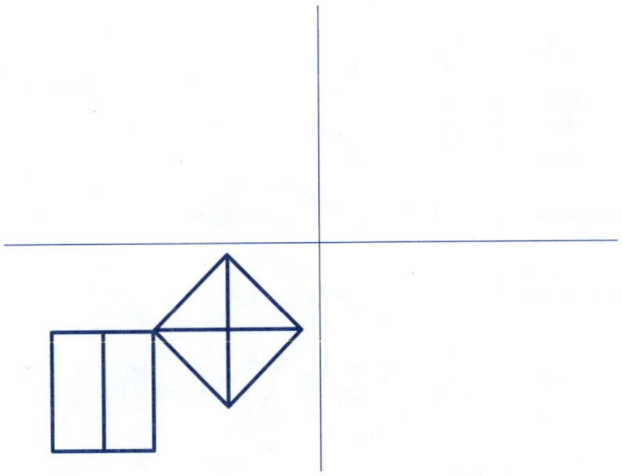

3-1　平面体的投影(一)	班级		姓名		学号		页次	16

根据两视图补画第三视图

1.

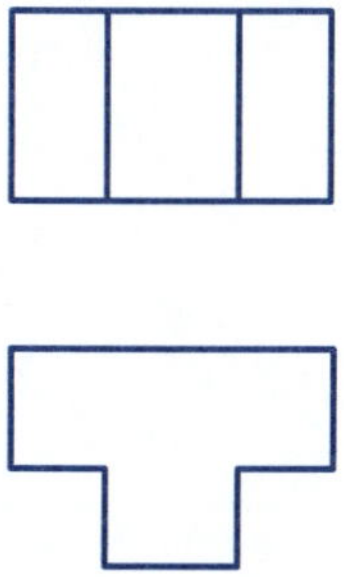

2.

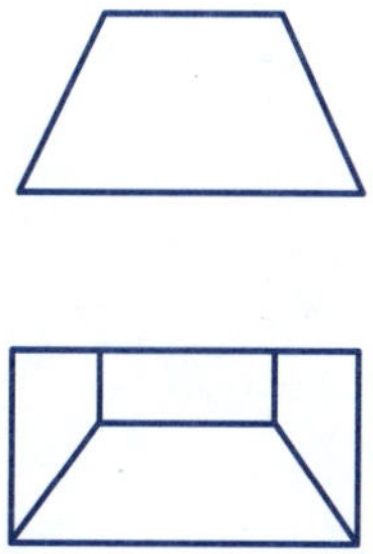

3.

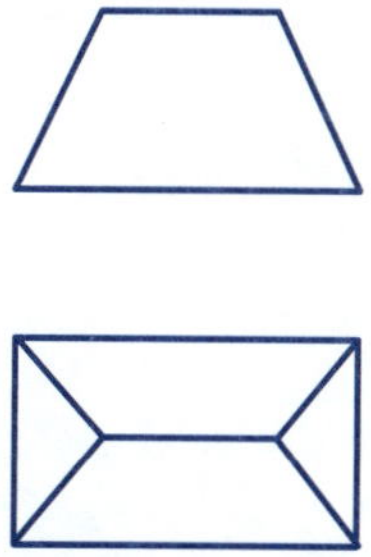

4.

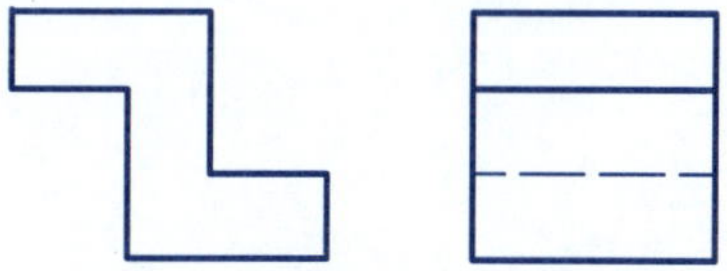

5.

6.

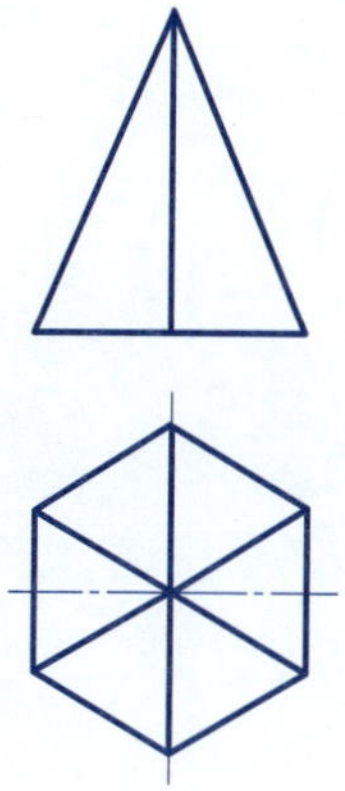

根据已知条件完成曲面体的三视图

1.高度为 20 mm 的圆锥。

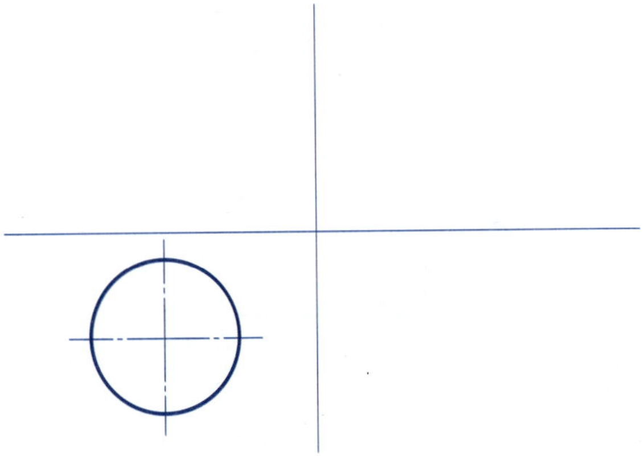

2.两底面距离为 20 mm 的圆锥台。

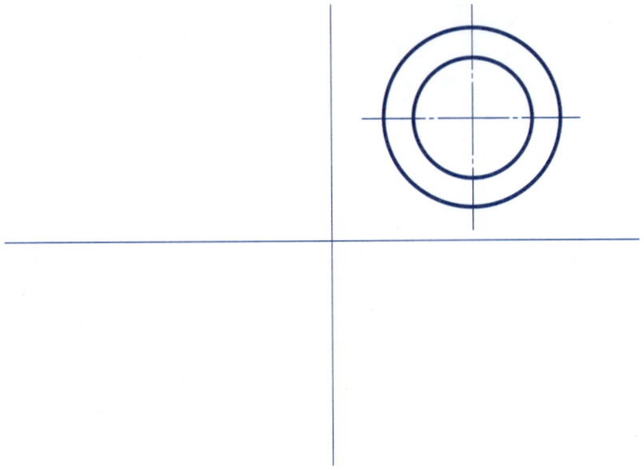

3.两底面距离为 20 mm 的圆筒。

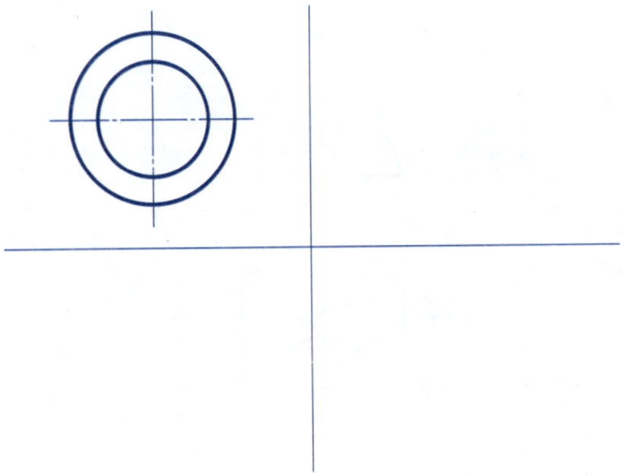

4.半球体与圆柱叠加。

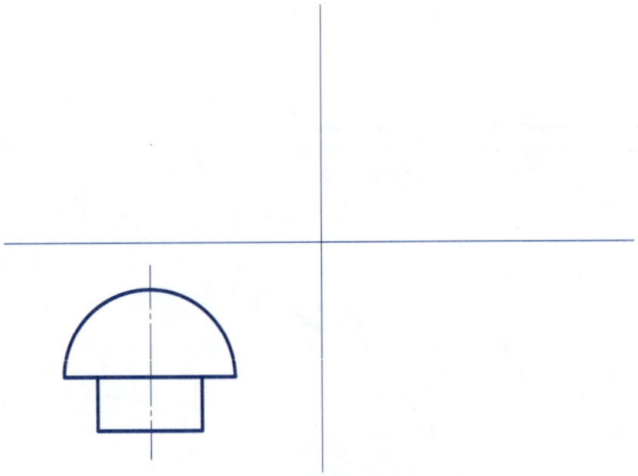

根据两视图补画第三视图

1.

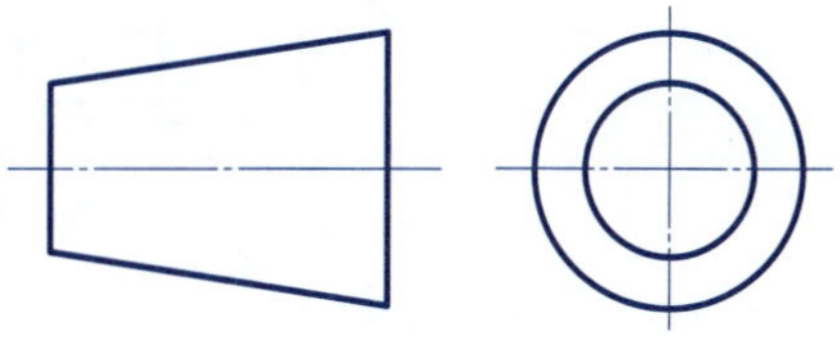

2.

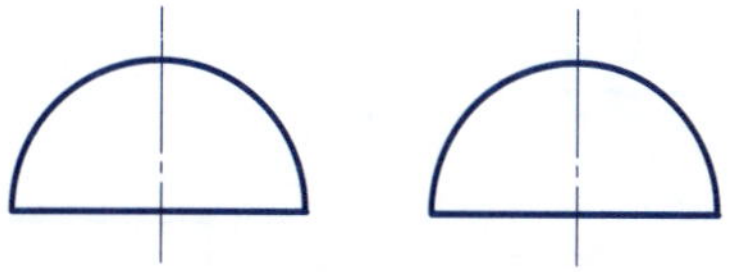

3.

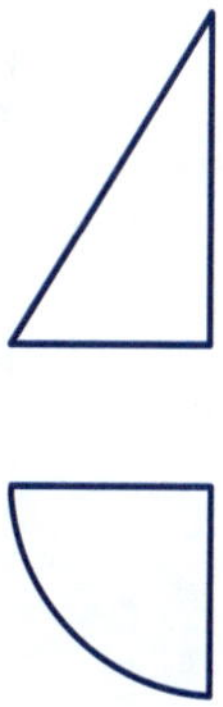

4.

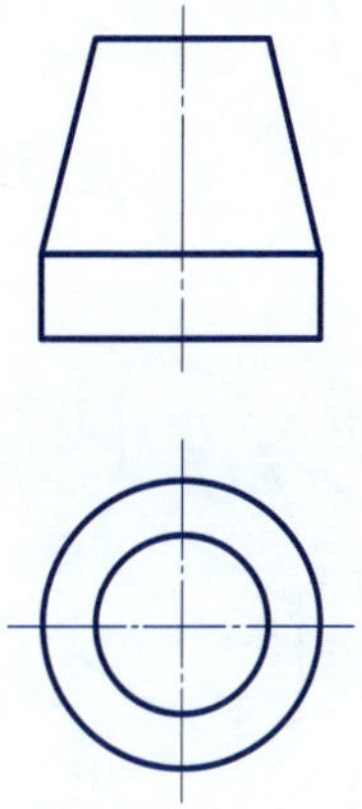

5.

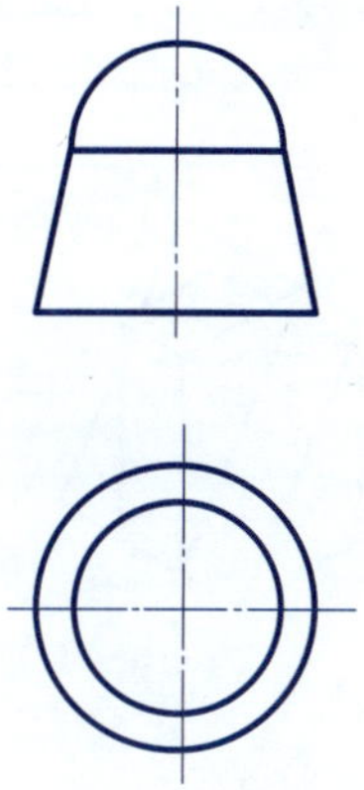

6.

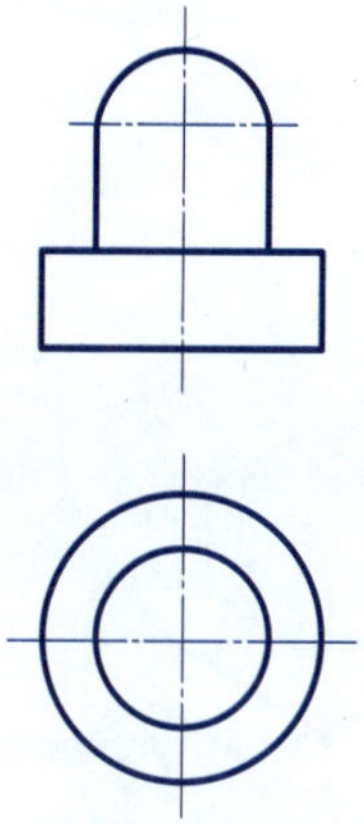

3-2　曲面体的投影(二)	班级		姓名		学号		页次	

观察各形体的立体图，找出与其相对应的视图，在视图的空圈内填写对应的序号

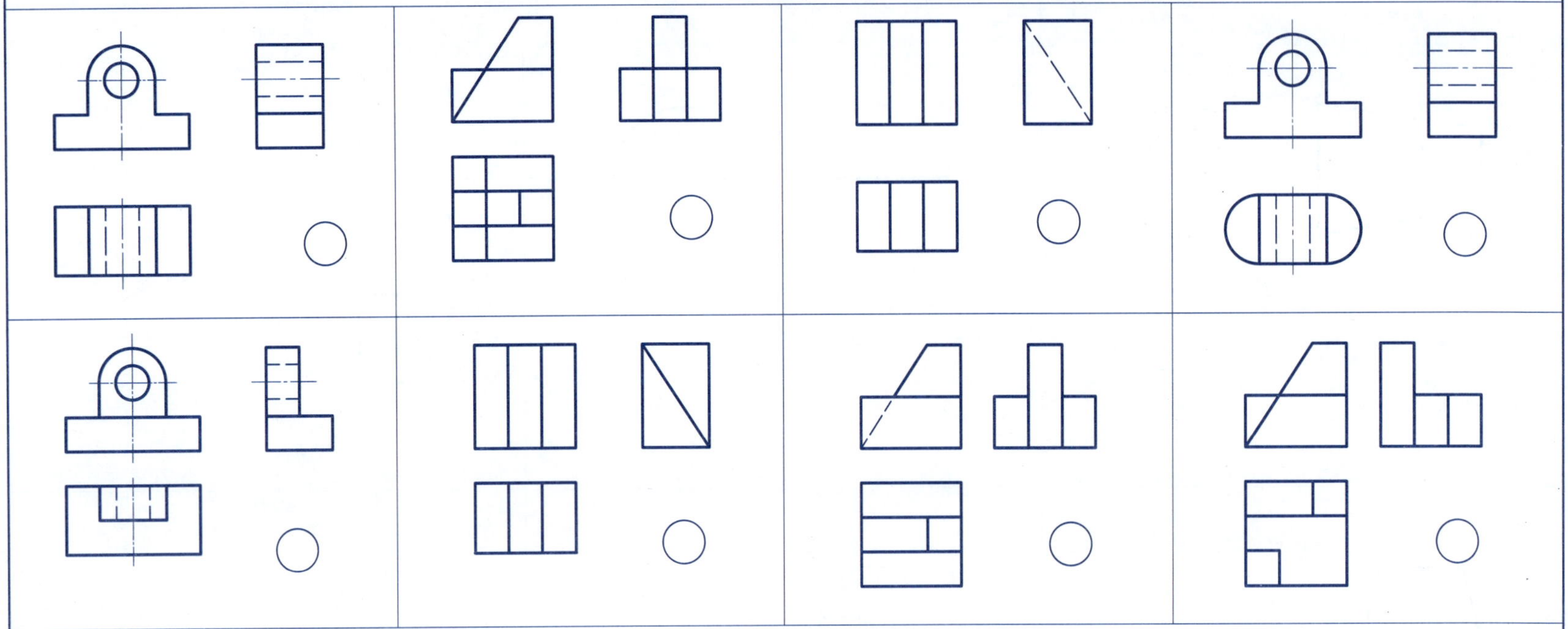

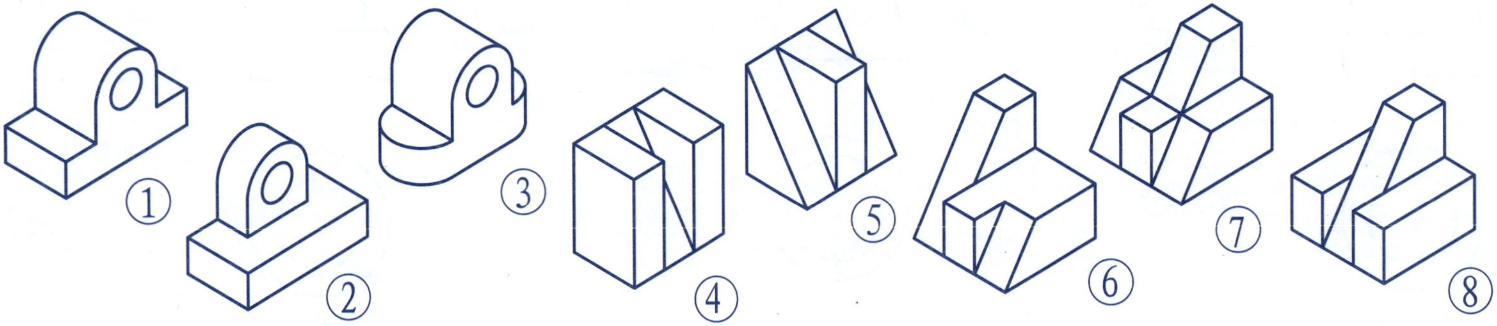

3-3 简单体的投影(一)	班级		姓名		学号		页次	20

根据两视图补画第三视图

1.

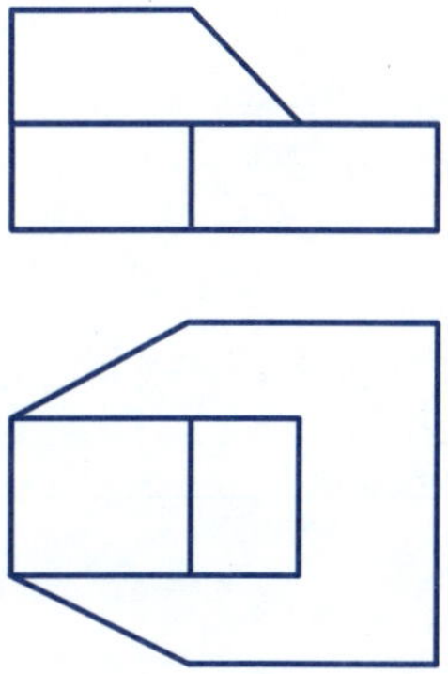

2.

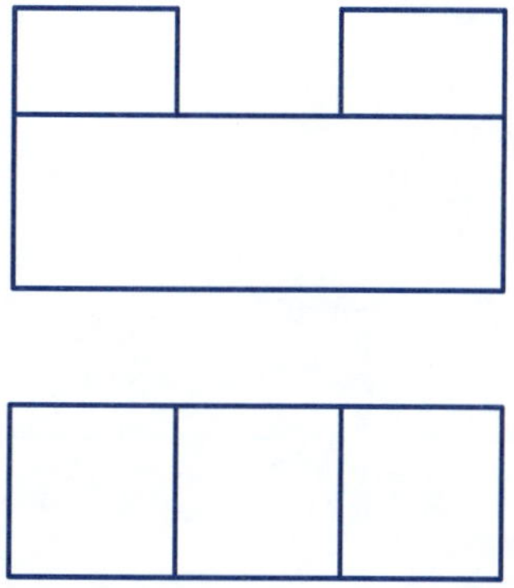

3.

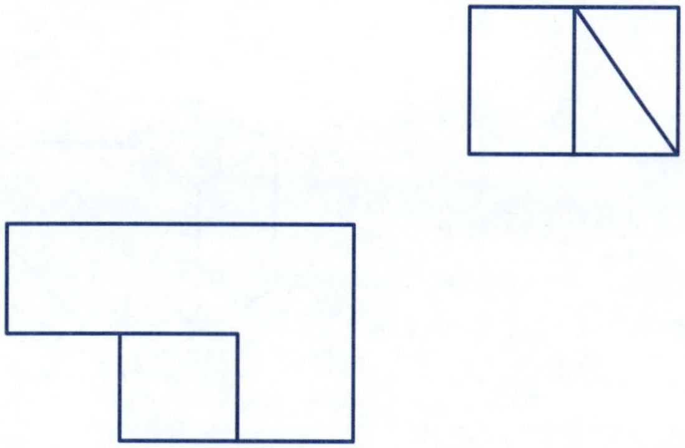

4.

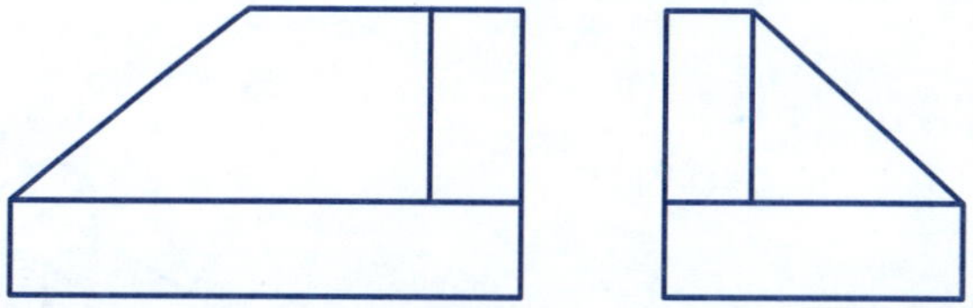

根据立体图完成组合体三视图

1.

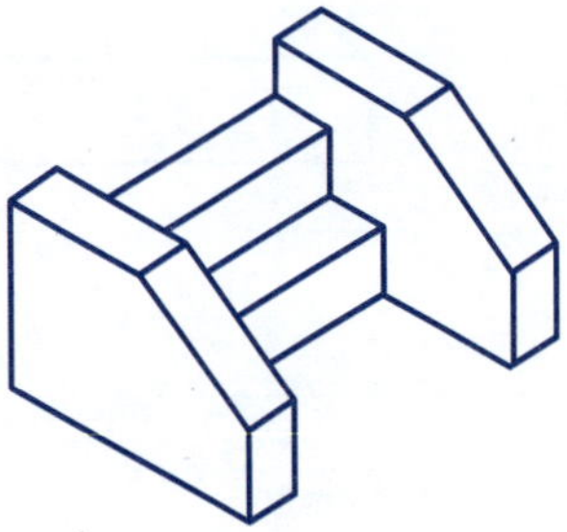

2.

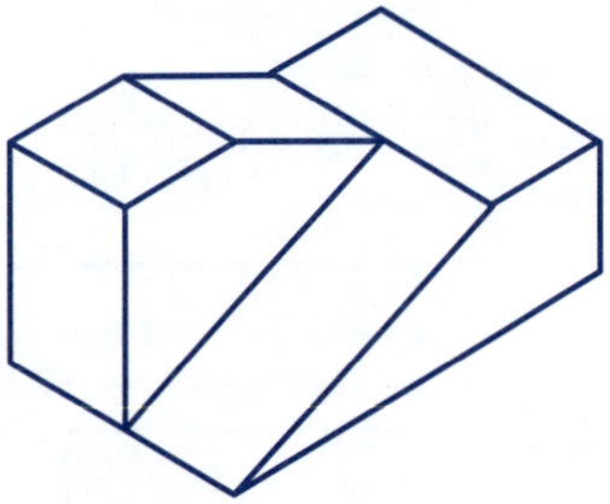

根据立体图完成组合体三视图

1.

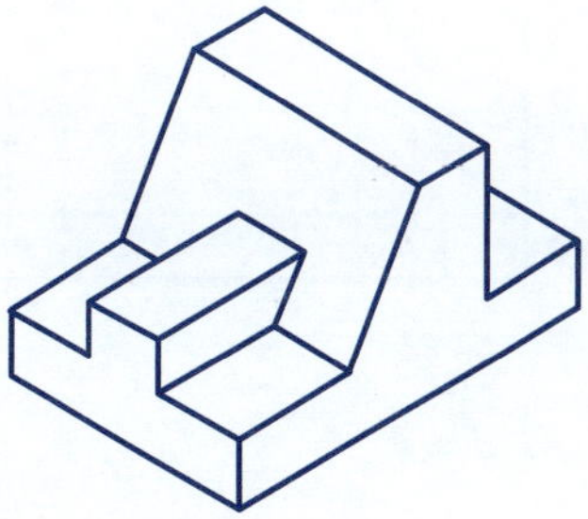

2.

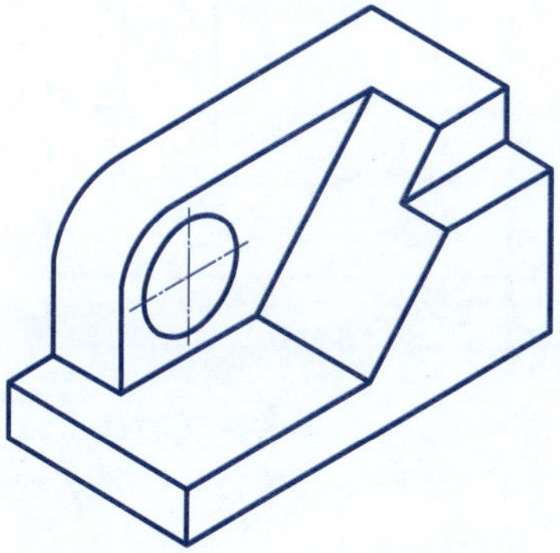

班级		姓名		学号		页次	23

读视图，标注尺寸（尺寸由图中量取，取整数）

1.比例 1:2，单位 mm。

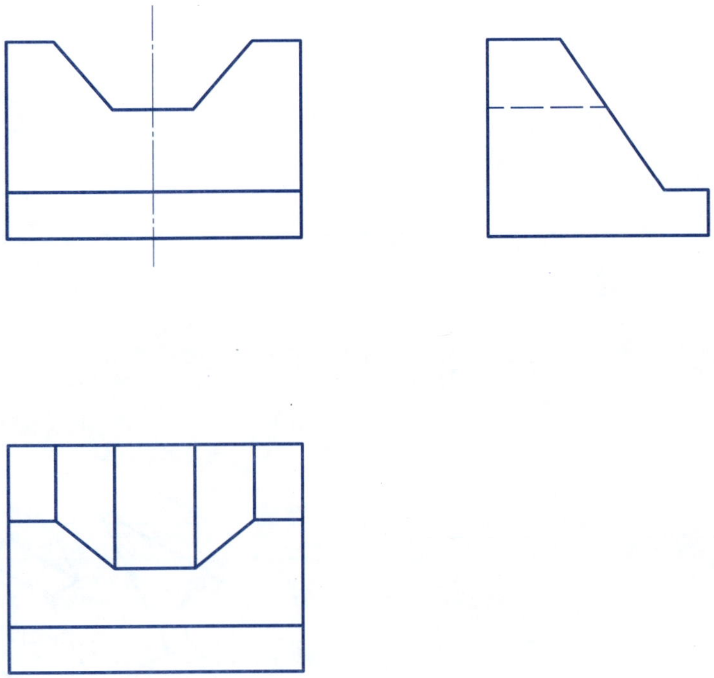

2.比例 1:10，单位 mm。

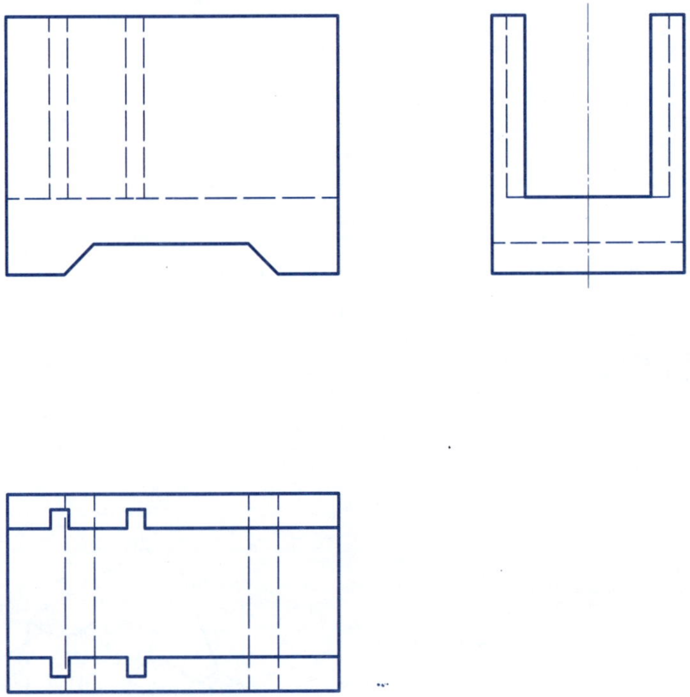

补全视图中所缺的图线

1.

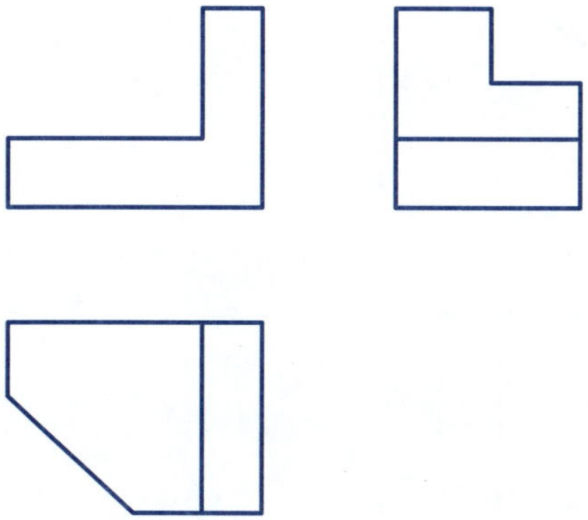

2.

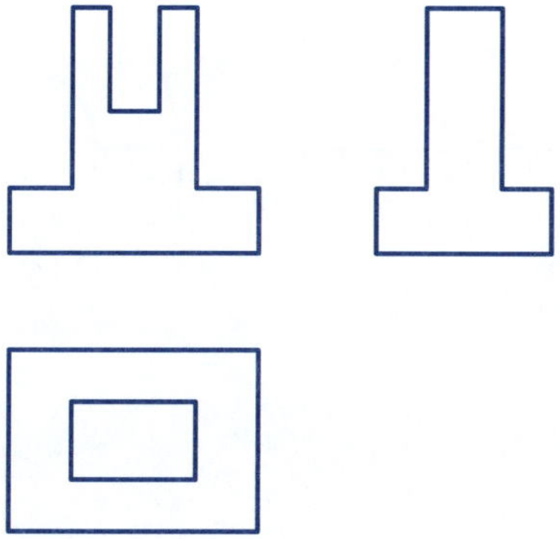

3

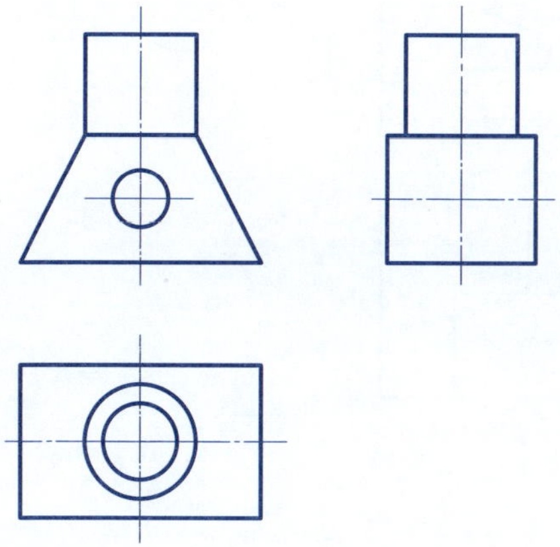

4.

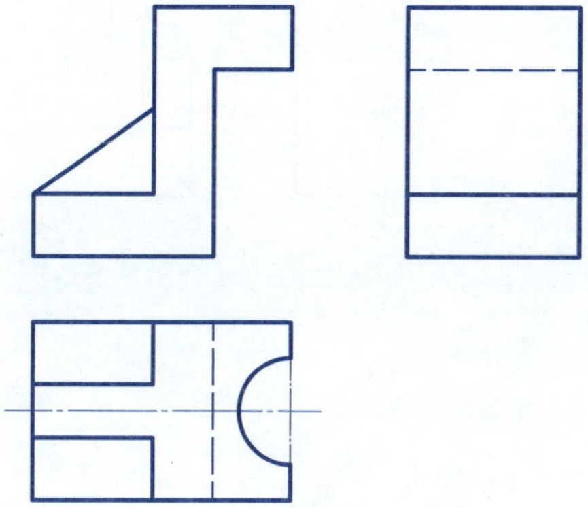

根据两视图补画第三视图

1.

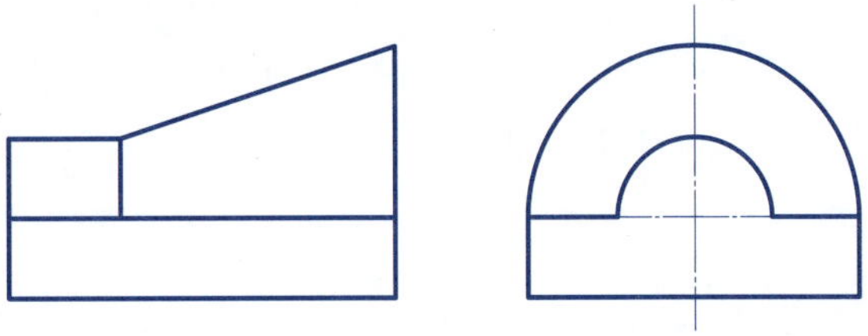

2.

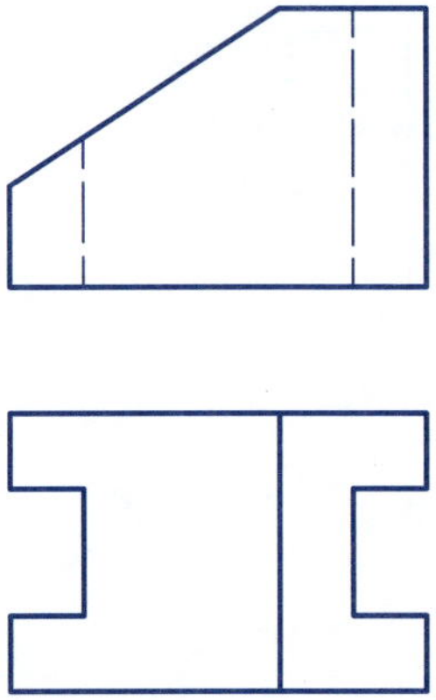

3

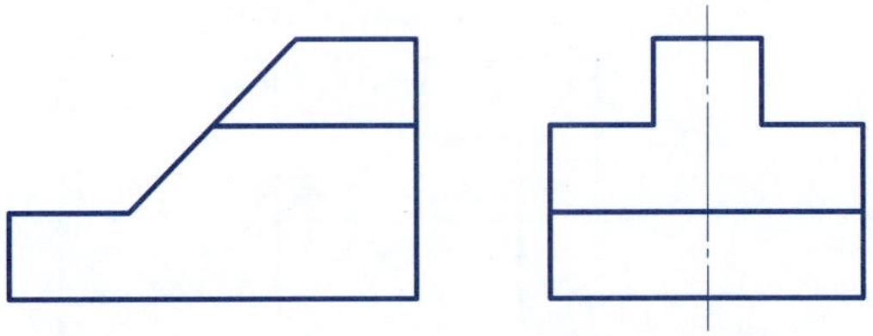

4.

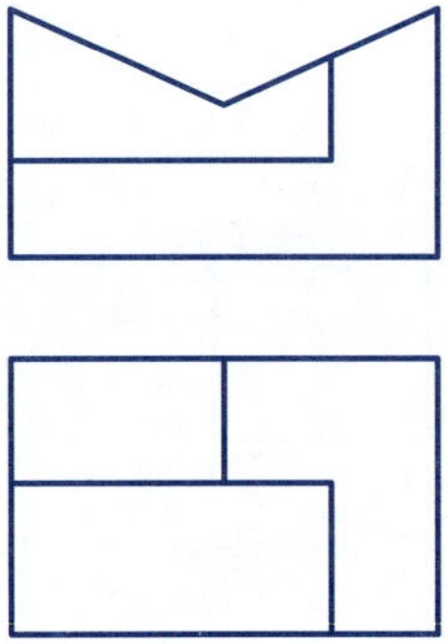

3-4 组合体视图(五)	班级		姓名		学号		页次	26

根据两视图补画第三视图

1.

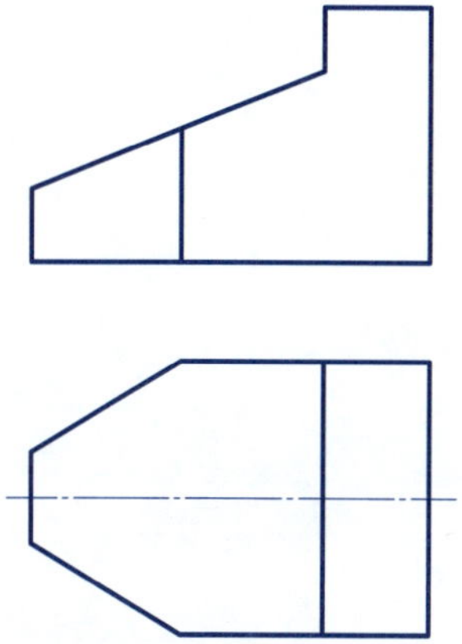

2.

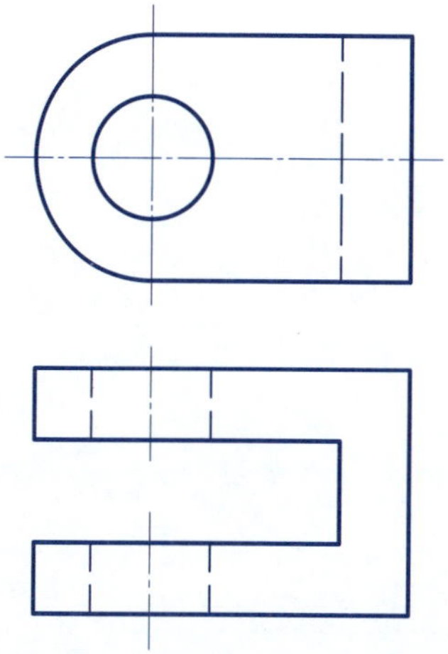

3

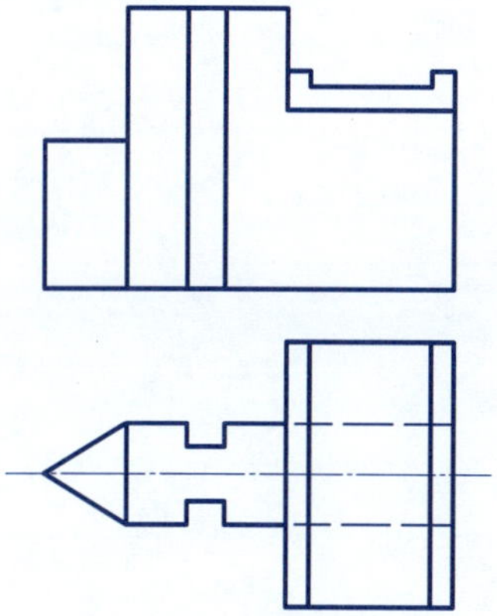

4.

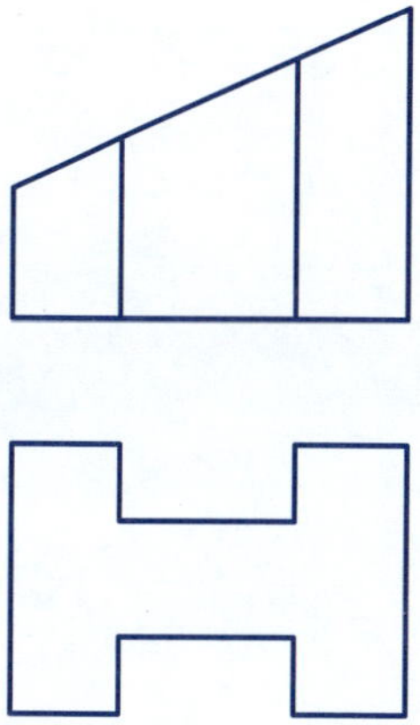

3-4　组合体视图(六)	班级		姓名		学号		页次	27

根据两视图补画第三视图

1.

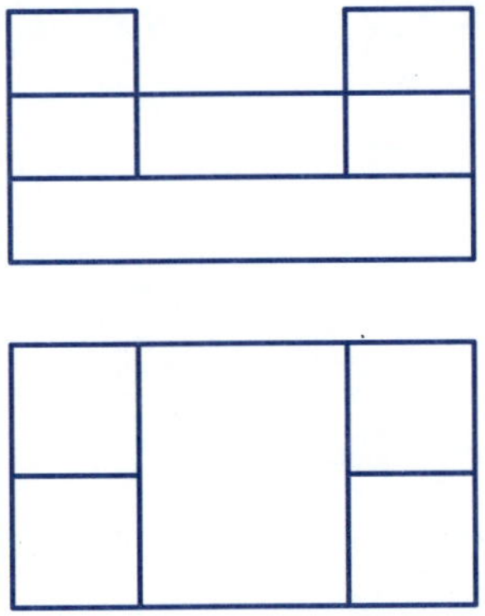

2.

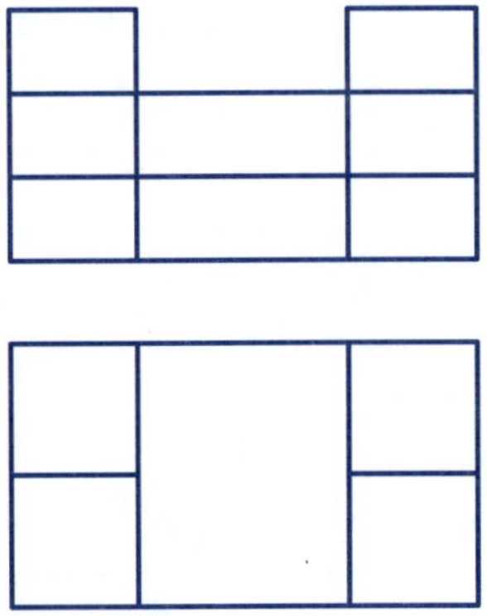

3

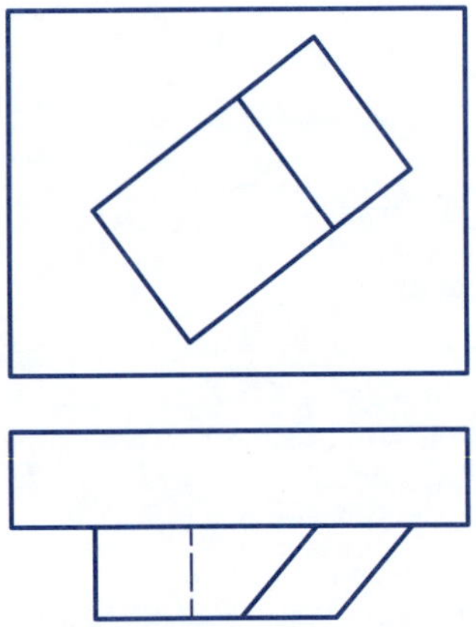

4.

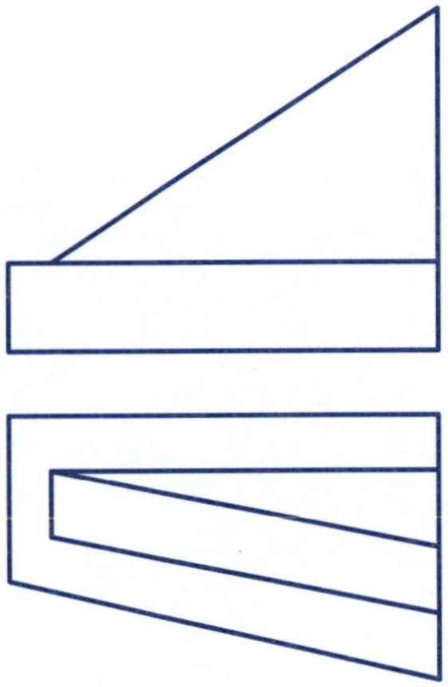

班级		姓名		学号		页次	28

根据两视图补画第三视图

1.

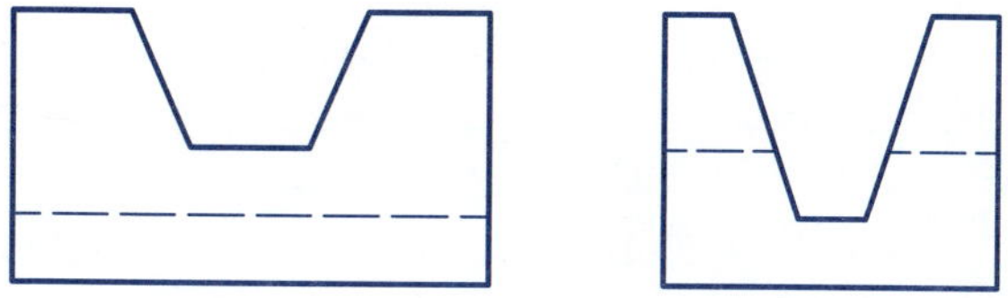

2.

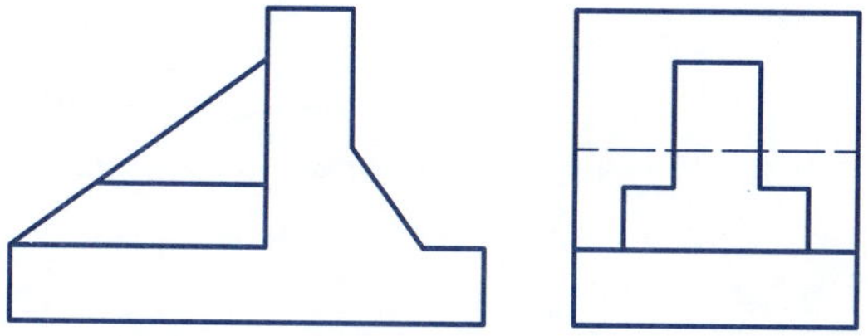

3

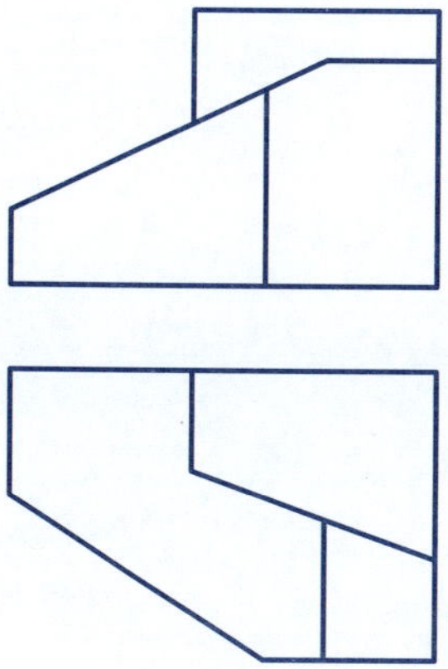

4.

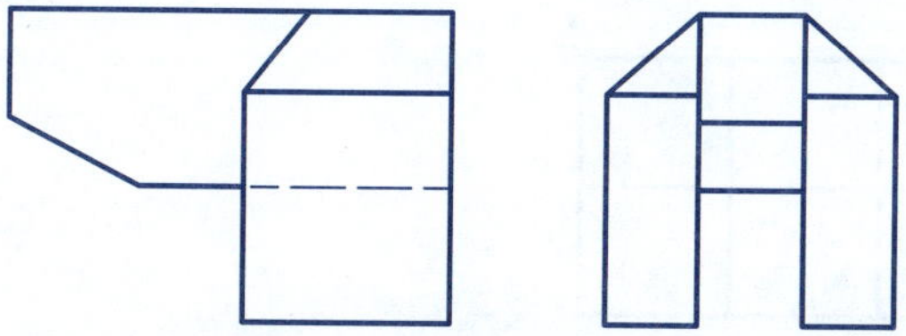

根据一面视图构形立体完成三视图,并在空白处徒手画出轴测草图

1.

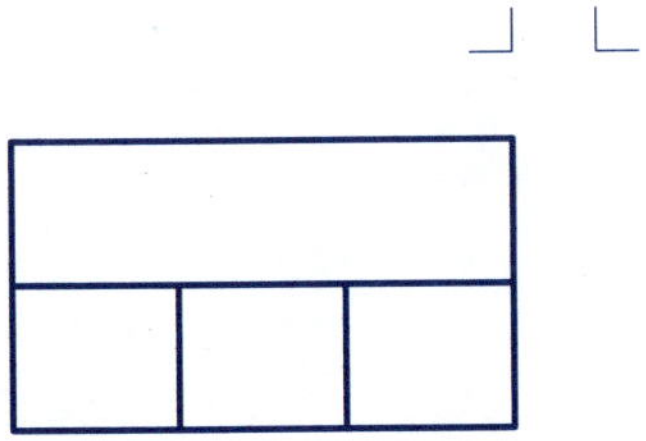

2.

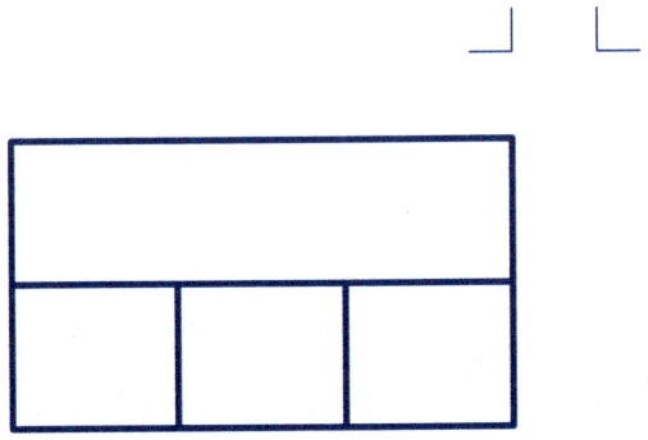

3.

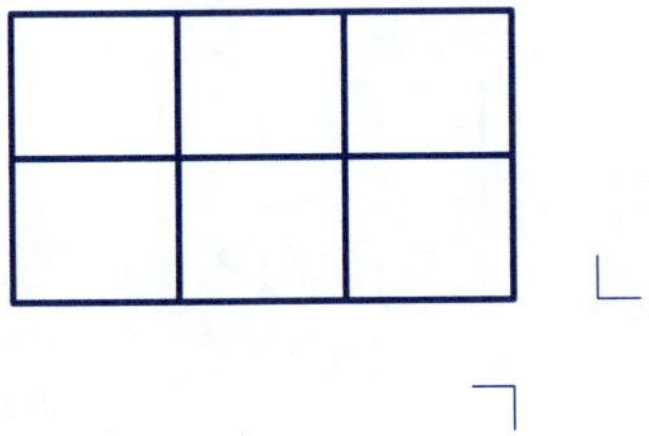

4.

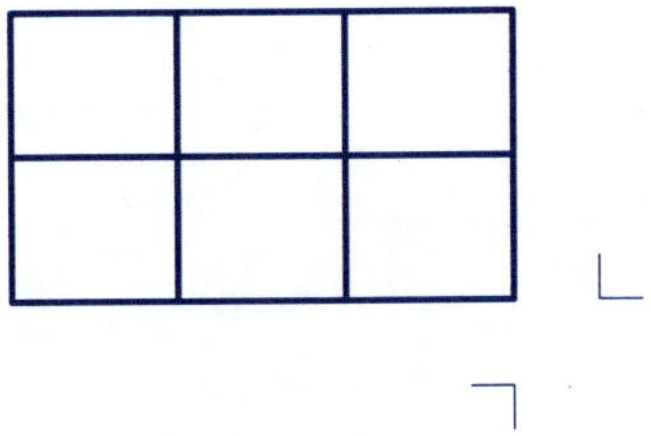

班级		姓名		学号		页次	30

第四章　轴测图

根据三视图,画平面体的正等测图

1.

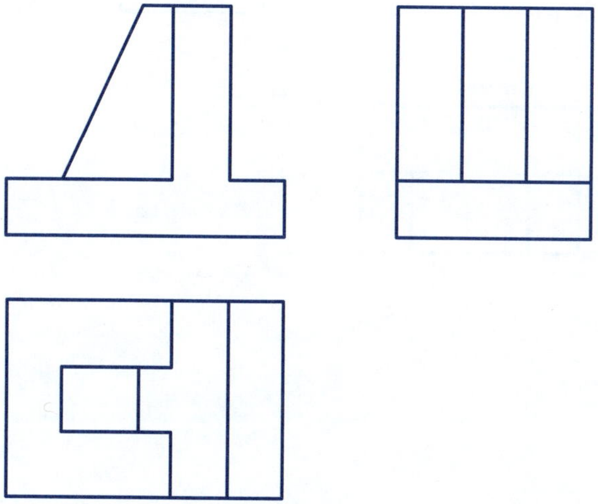

2.

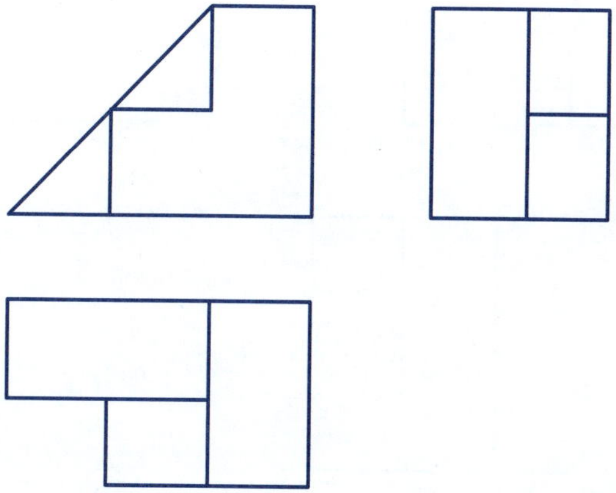

根据三视图，画平面体的正等测图

1.

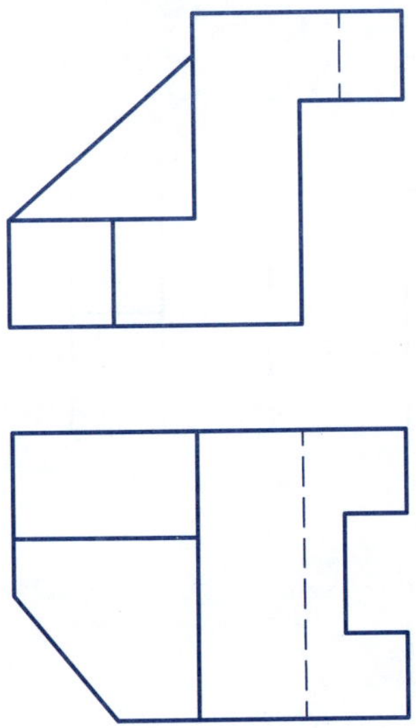

2.

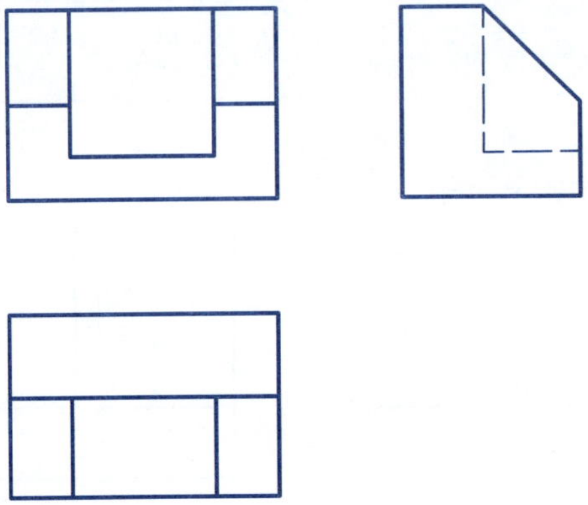

根据三视图，画平面体的斜二测图

1.

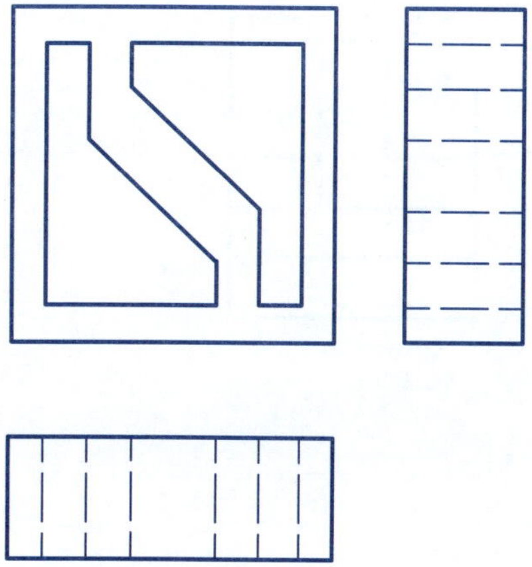

2.

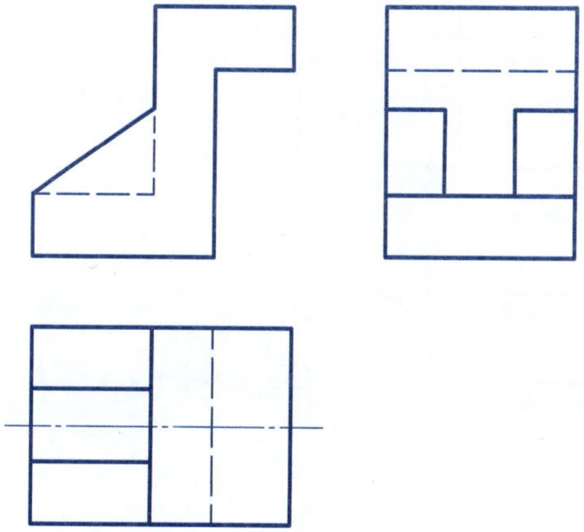

根据所给视图，画平面体的斜二测图

1.

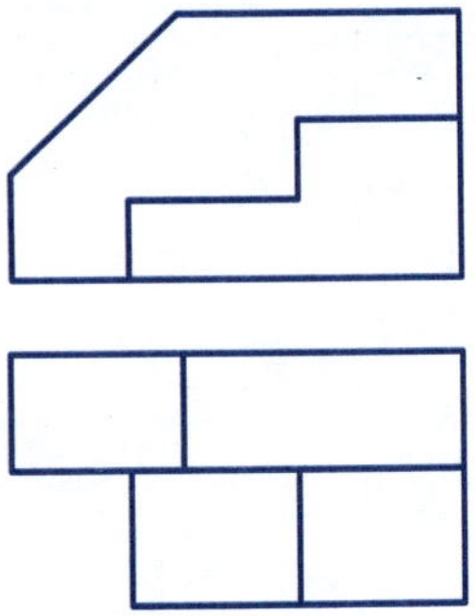

2.

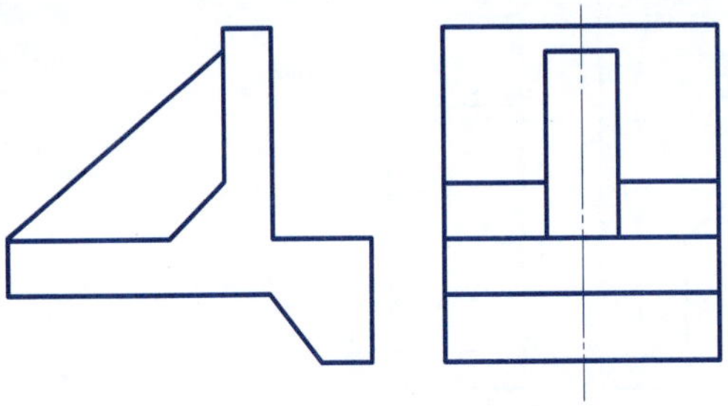

班级		姓名		学号		页次	34

根据投影图,画曲面体的正等测图

1.

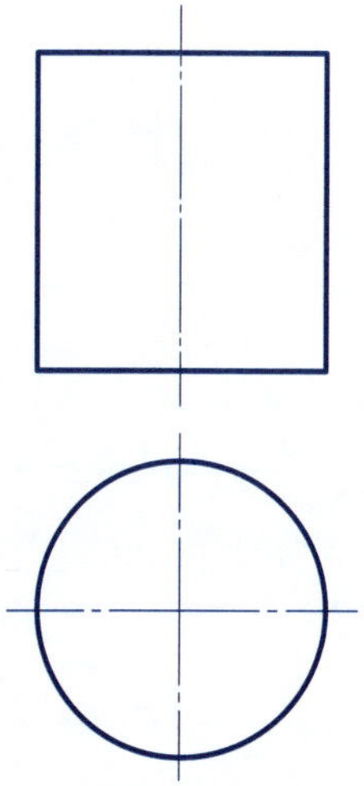

2.

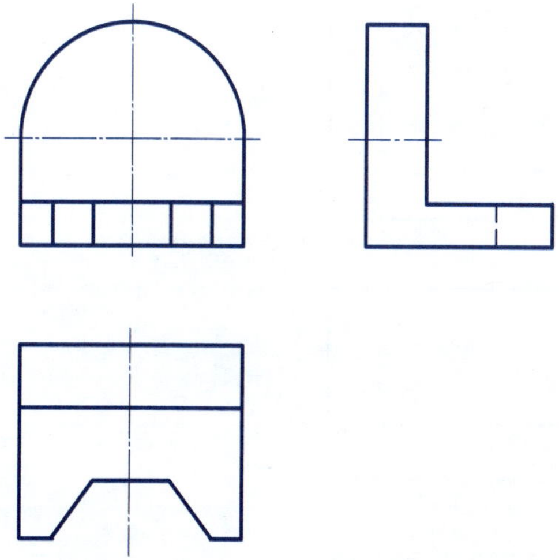

根据投影图,画曲面体的斜二测图

1.

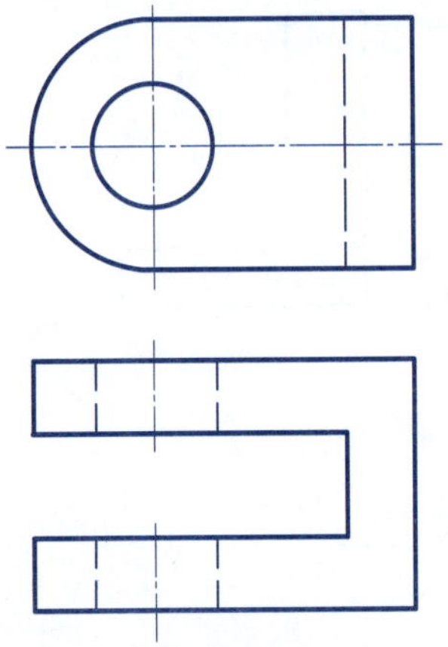

2.

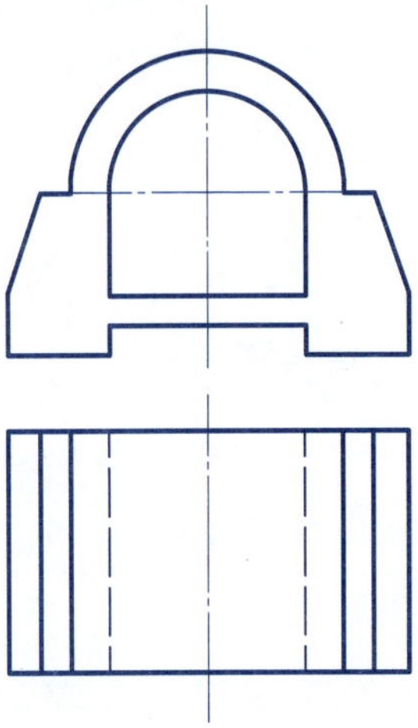

大作业　绘制渡槽和消力池的轴测图

一、图名

渡槽和消力池的轴测图。

二、目的

掌握正等测图和正面斜二测图的基本画法。

三、图纸要求

A3 图幅、铅笔加粗图线。

四、内容

1.采用简化系数作渡槽的正等测图,并且进行尺寸标注。

2.采用轴向伸缩系数绘制消力池的正面斜二测图,并进行尺寸标注。

五、具体要求

1.绘图时,应考虑两个图形在图纸中的位置,避免图面布置不当。

2.所给尺寸单位为 mm,按所给尺寸,自己选用合适的比例绘制。

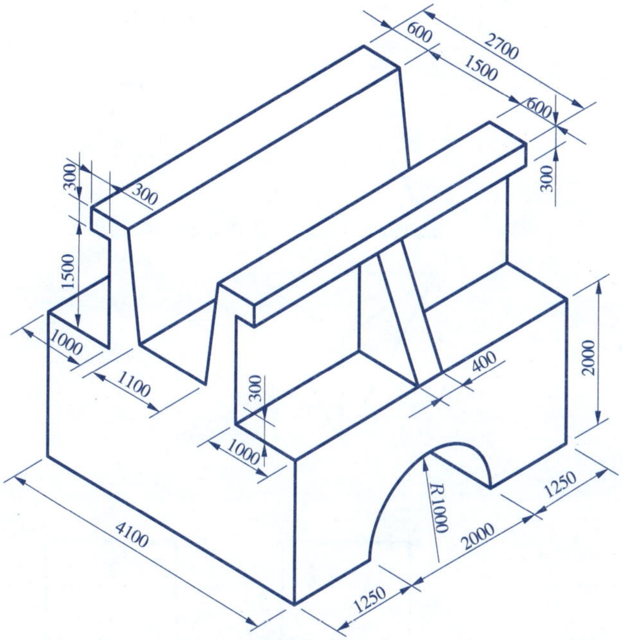

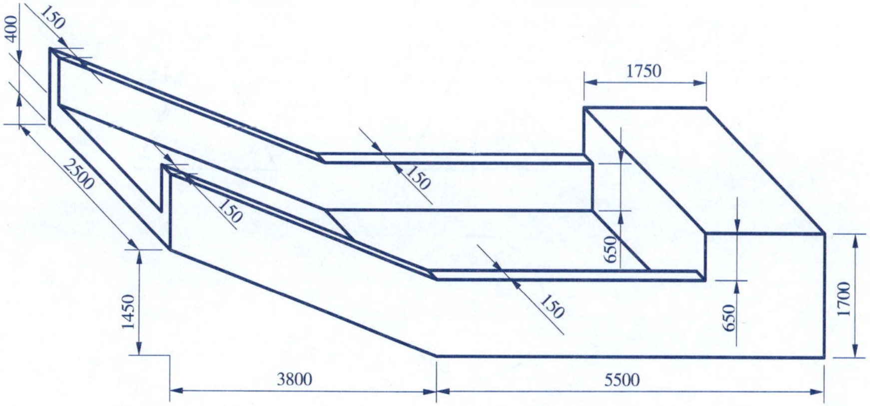

第五章　立体表面的交线

完成立体表面的点的其余投影

1.

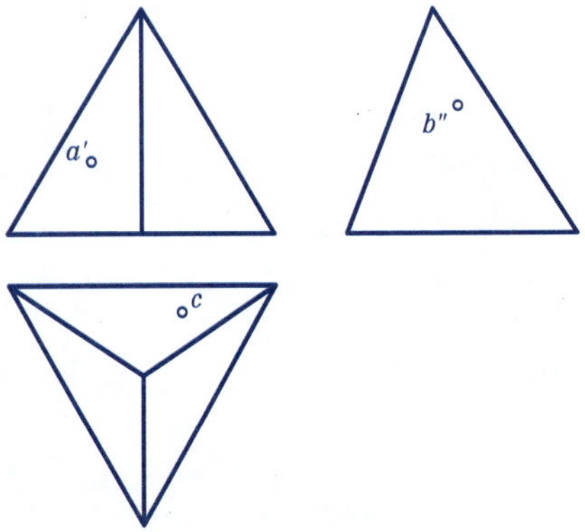

2.

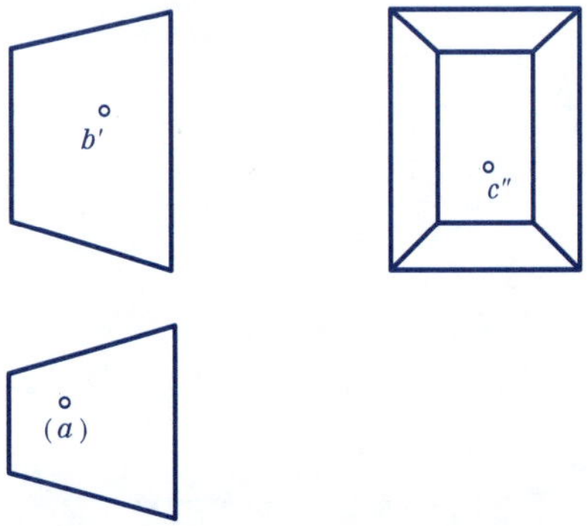

3.

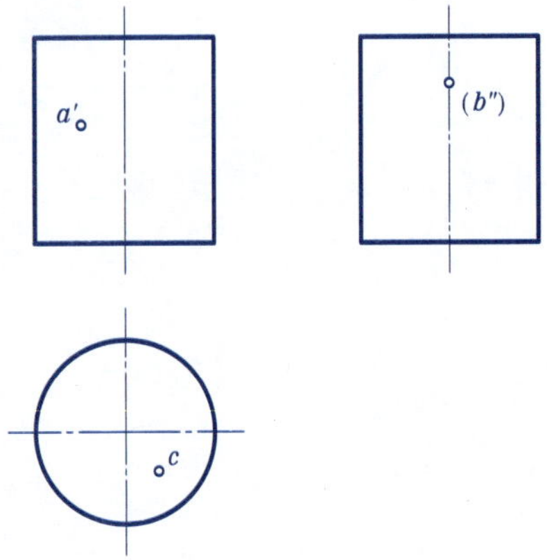

4.

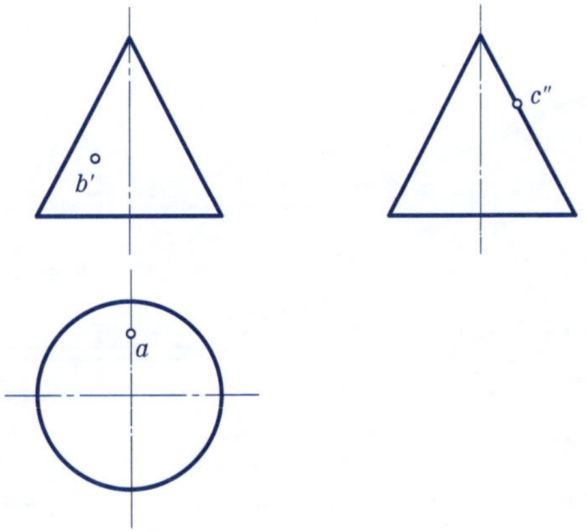

5-1　立体表面求点	班级		姓名		学号		页次	38

完成平面体截切的三视图

1.

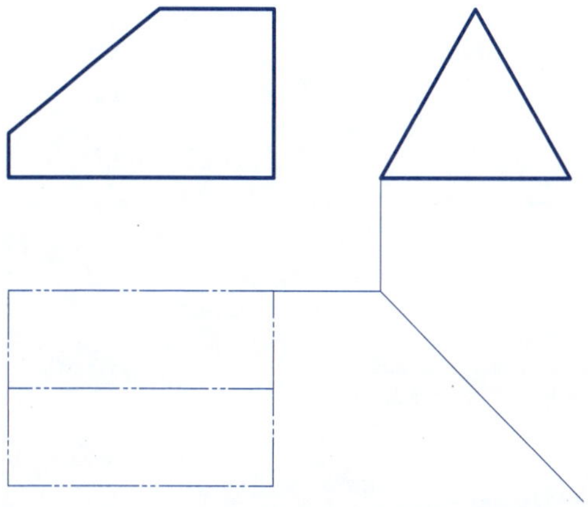

2.

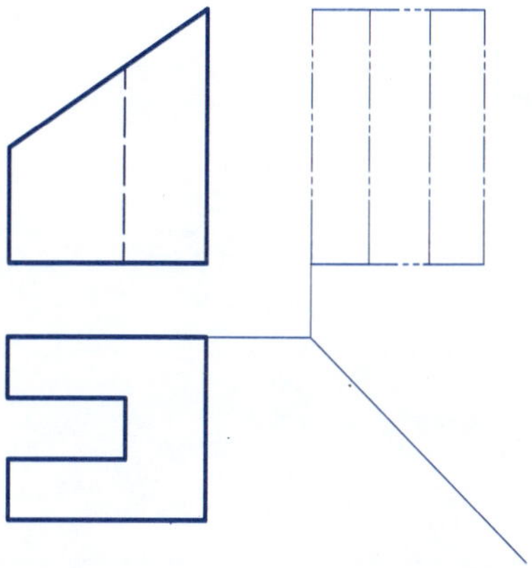

3.

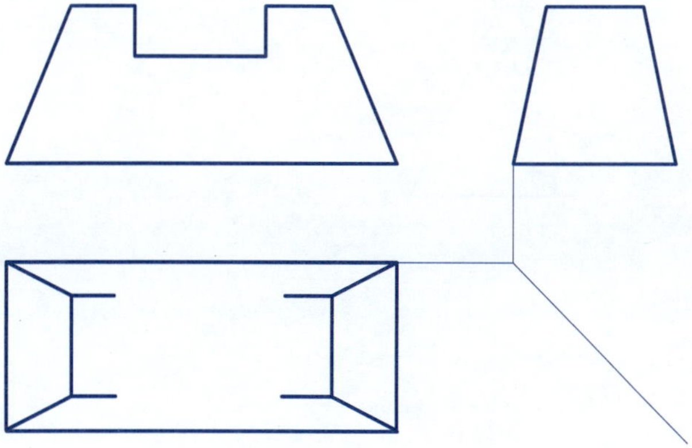

4.

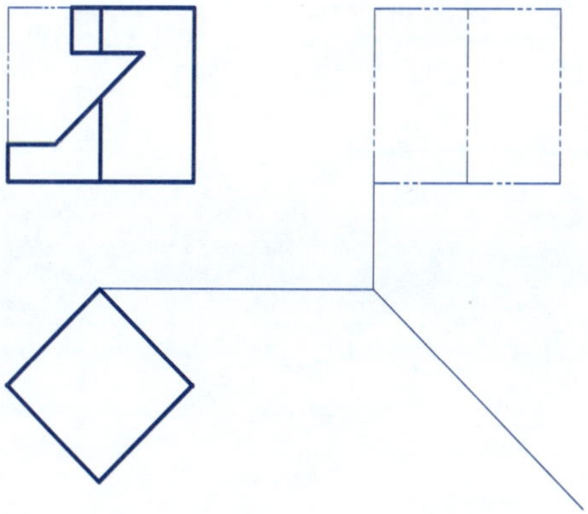

完成曲面体截切后的三面投影图

1.

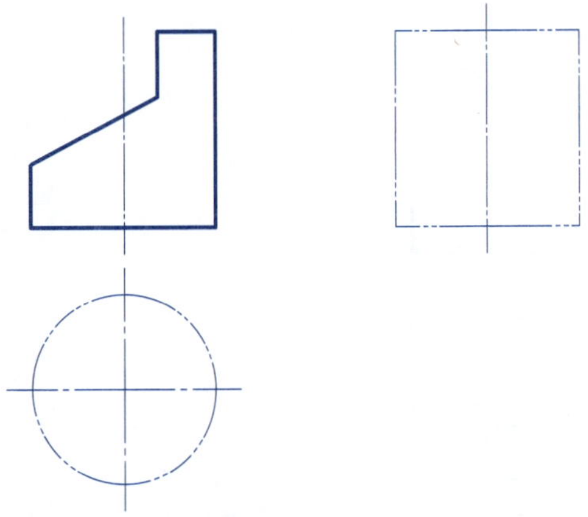

2.

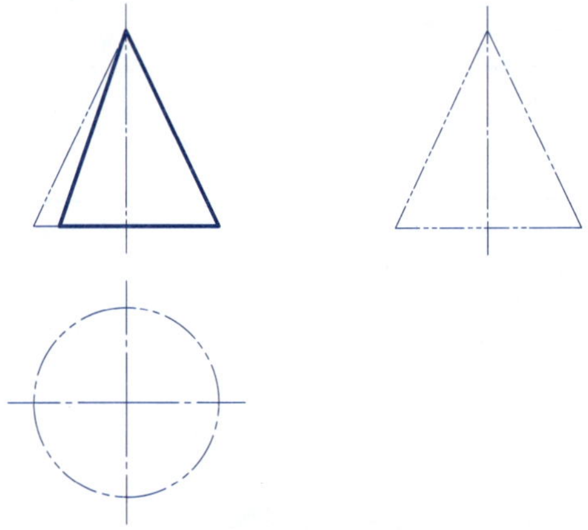

3.

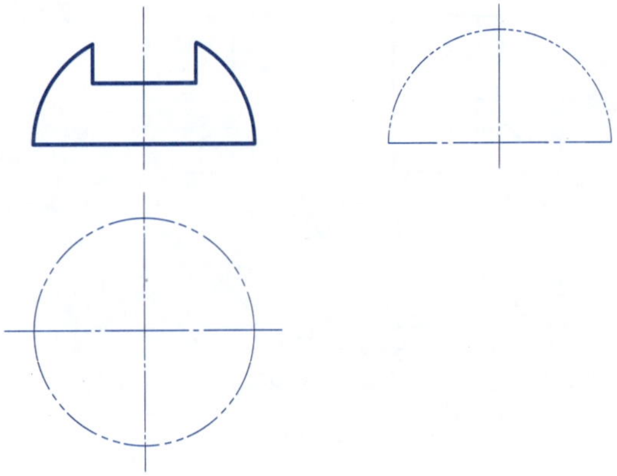

4.

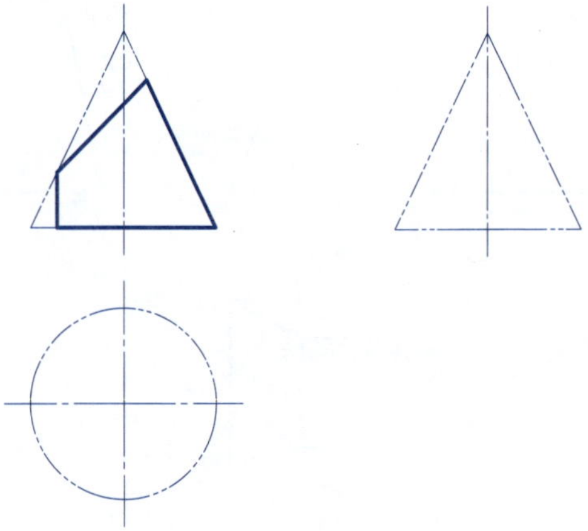

完成相交两立体的三面投影

1.

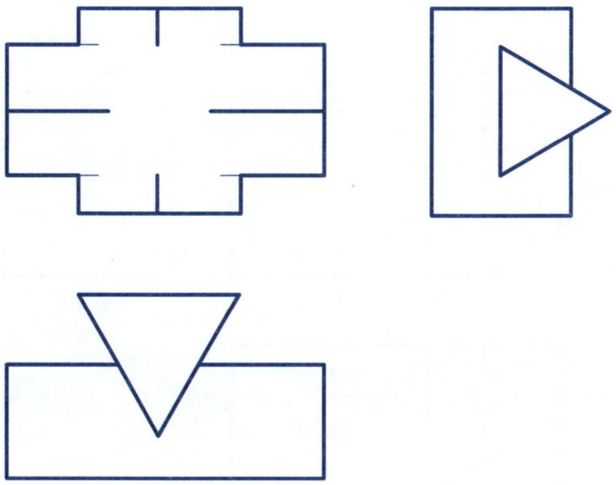

2.

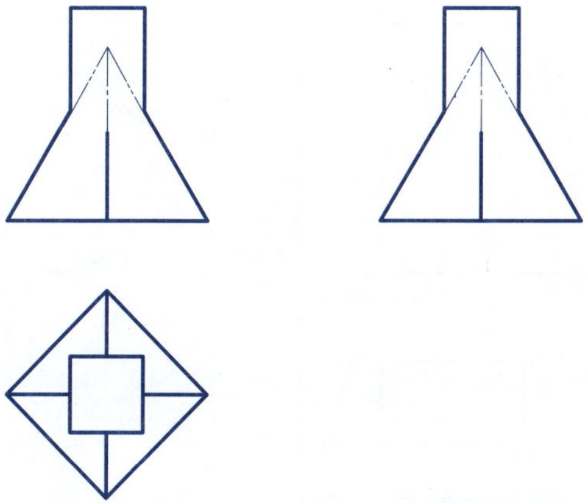

3.

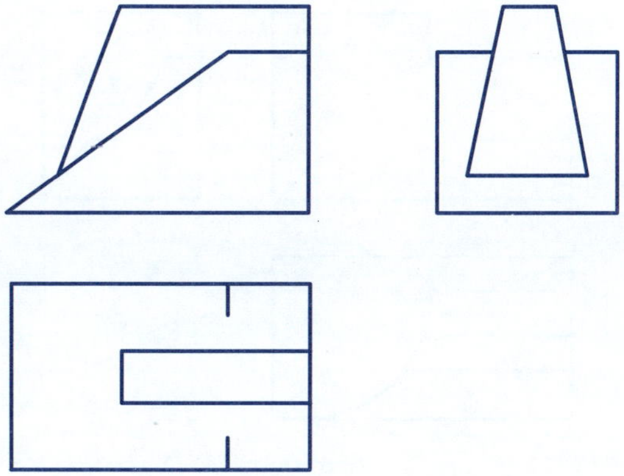

4.

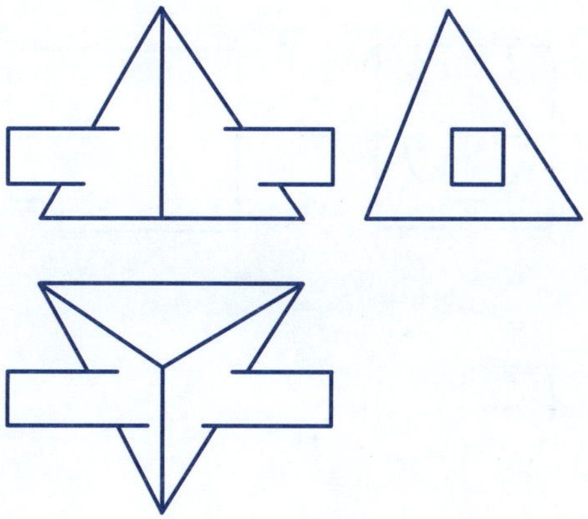

完成相交两立体的三面投影

1.

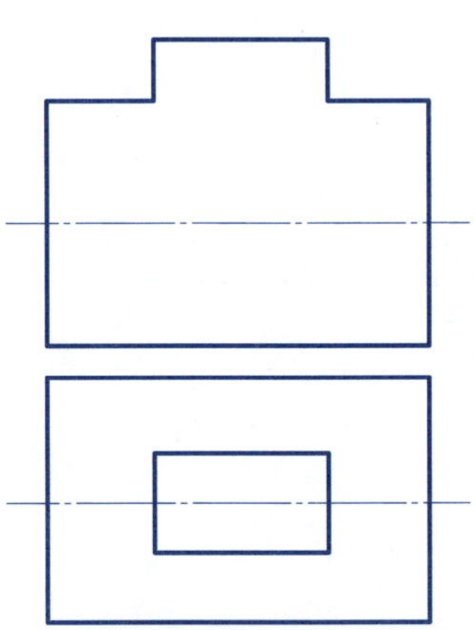

2.

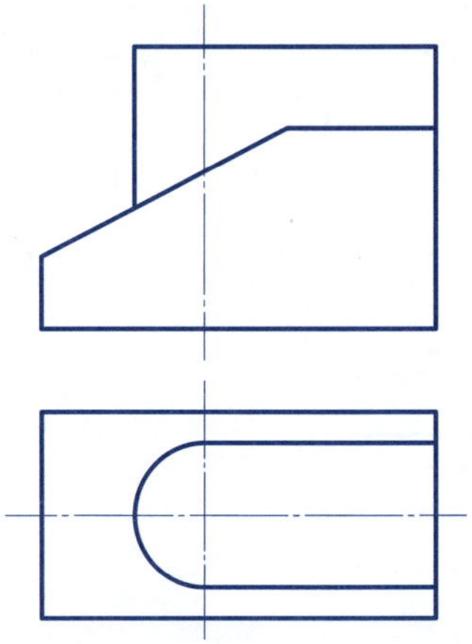

3.

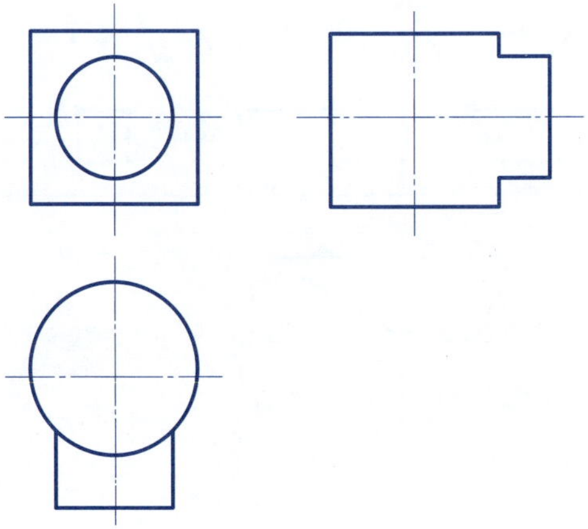

4.

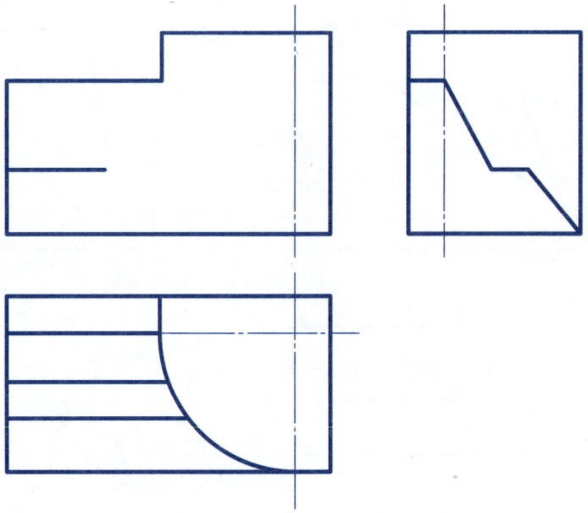

第六章　视图、剖视图和断面图

视图、局部视图和斜视图

补画物体的后视图、右视图和仰视图。

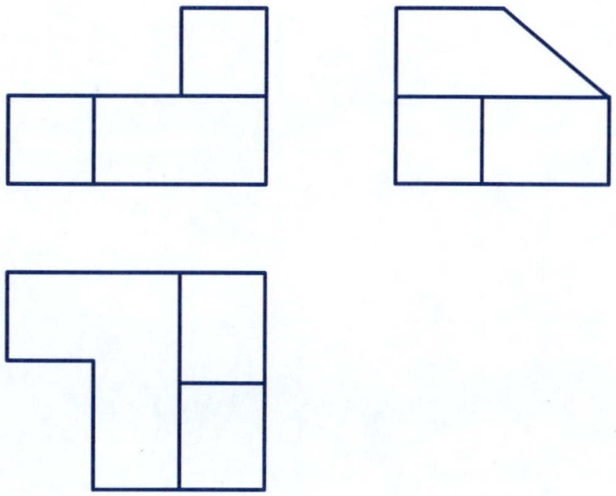

6-1　视图(一)	班级		姓名		学号		页次	43

1.在指定位置补画 C 向局部视图。

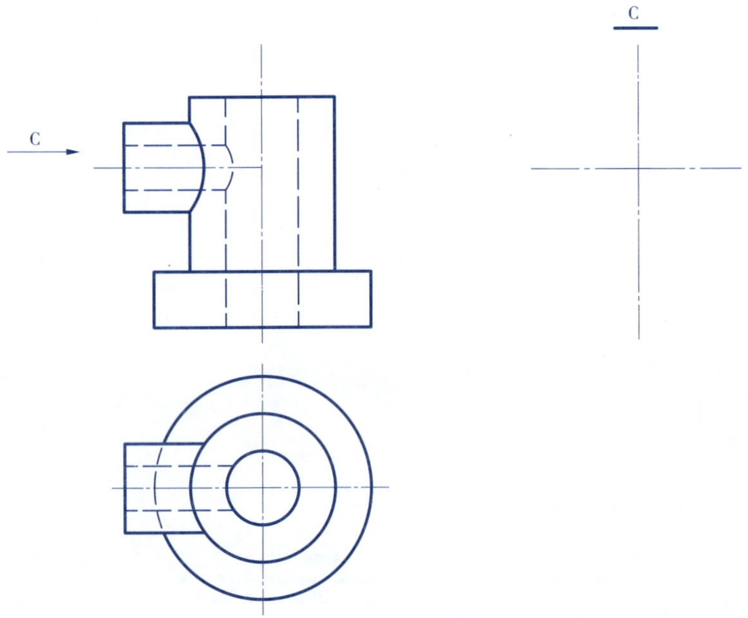

2.在指定位置补画出 A 向斜视图。

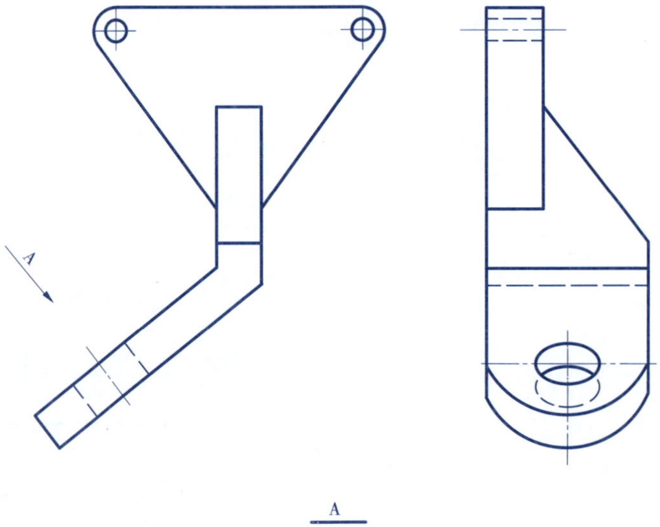

补画全剖视图,并补全标注

1.读图,补绘 B—B 单一全剖视图。

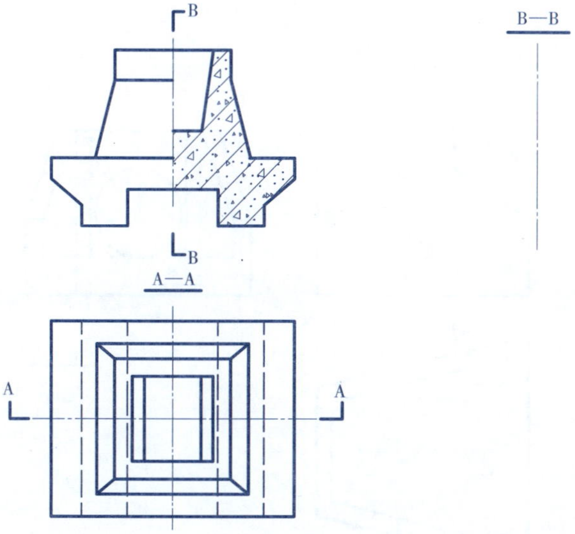

2.读图,补绘 A—A 单一全剖视图。

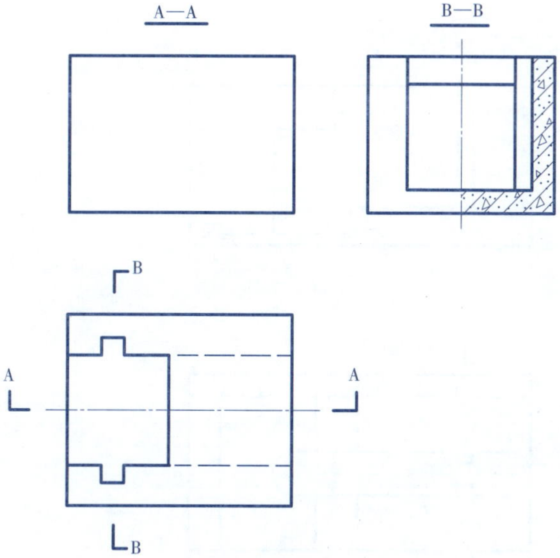

补画全剖视图，并补全标注

1.读图，补画 B—B 单一全剖视图。

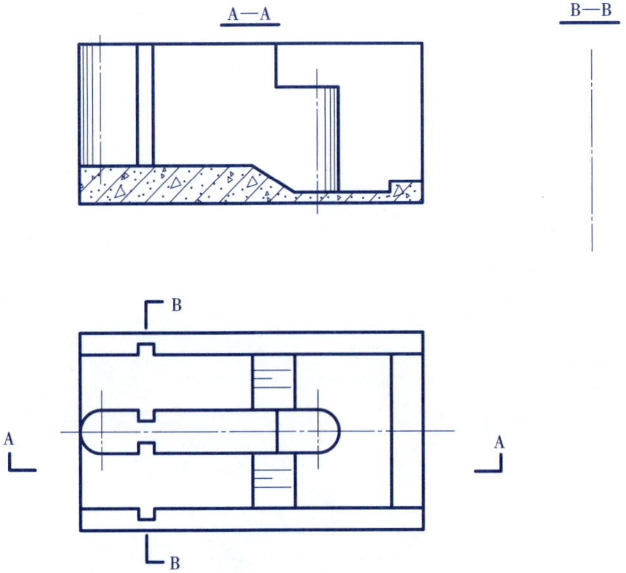

2.在指定位置补画 B—B 单一全剖视图，并补全标注（材料为钢筋混凝土）。

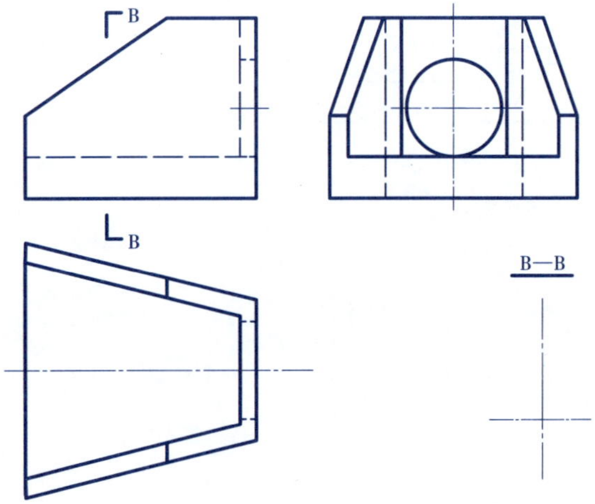

补画半剖视和局部剖视图

1.读图,补绘 A—A 全剖视图(材料为钢筋混凝土)。

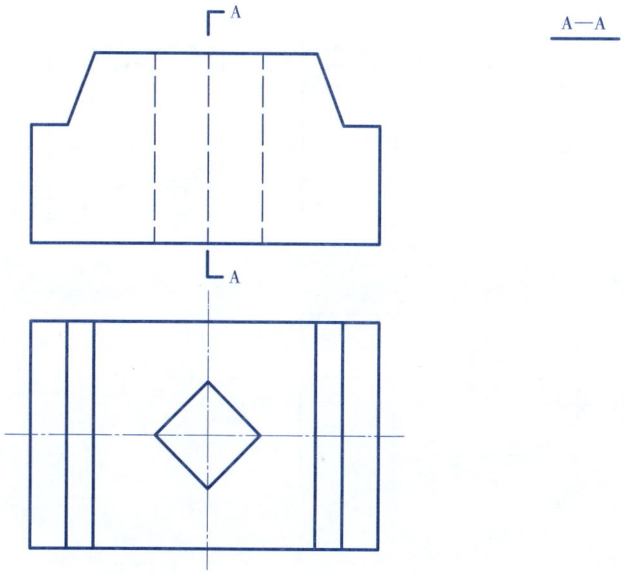

2.读图,补绘 B—B 半剖视图。

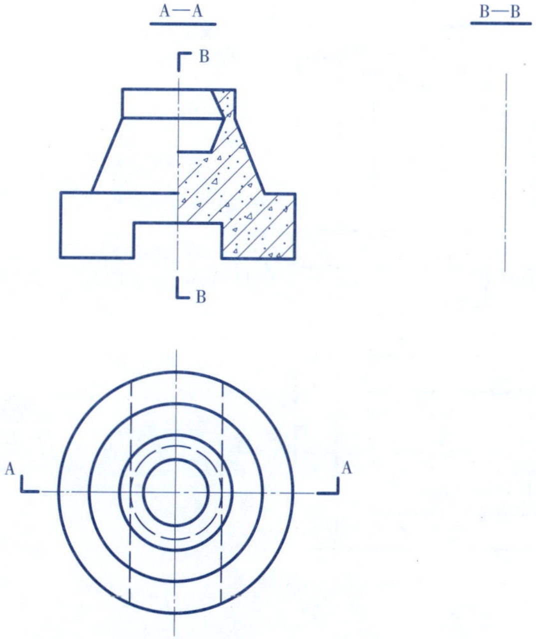

补画半剖视和局部剖视图

1.读图,补绘 B—B 半剖视图。

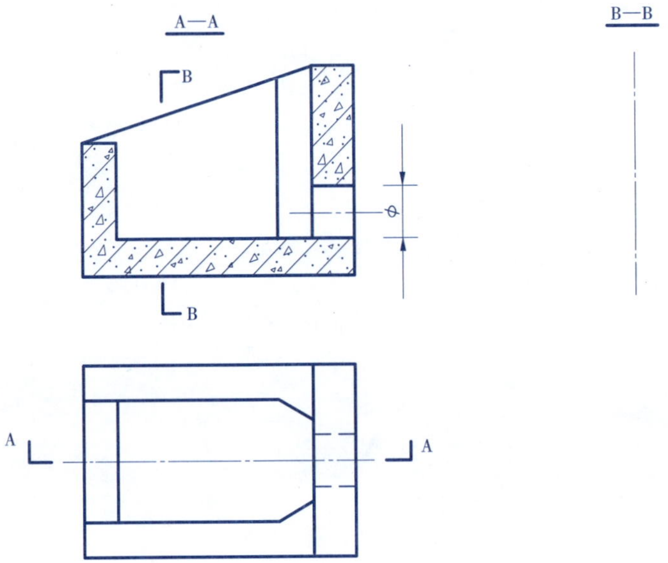

2.将正视图的左端和俯视图的右端改为局部剖视图(材料为金属)。

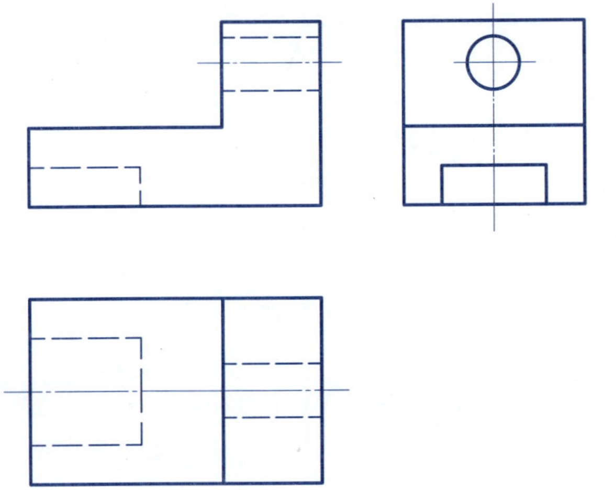

1.读图，补绘 B—B 阶梯剖视图。

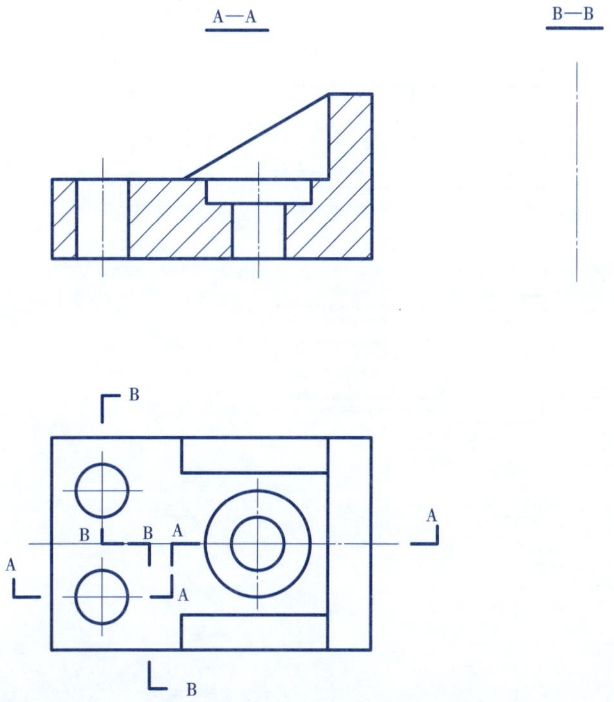

2.在指定位置画出 A—A 旋转剖视图，并补全标注（材料为金属）。

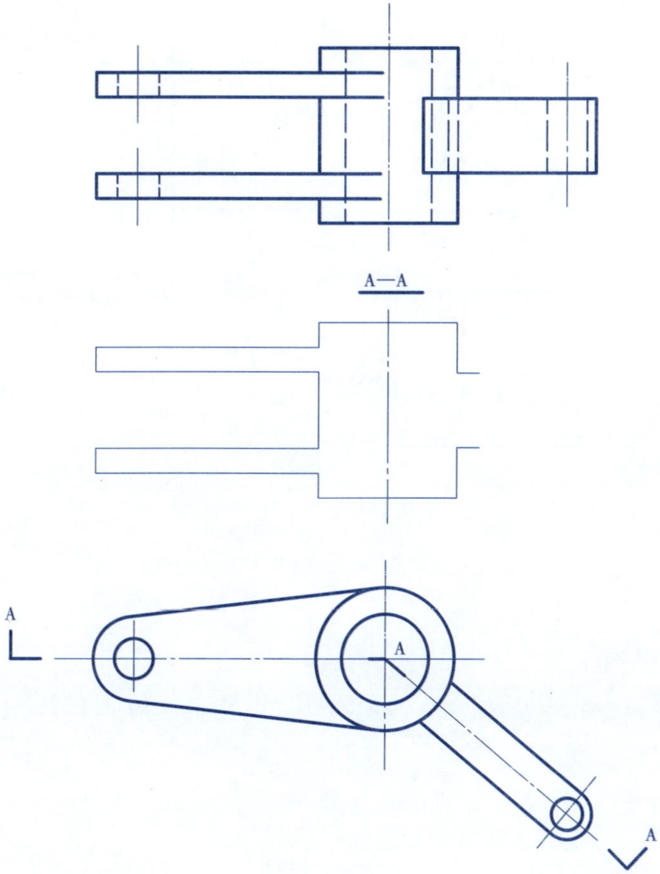

补画断面图

1.在指定位置画出 1—1 断面图(材料为混凝土)。

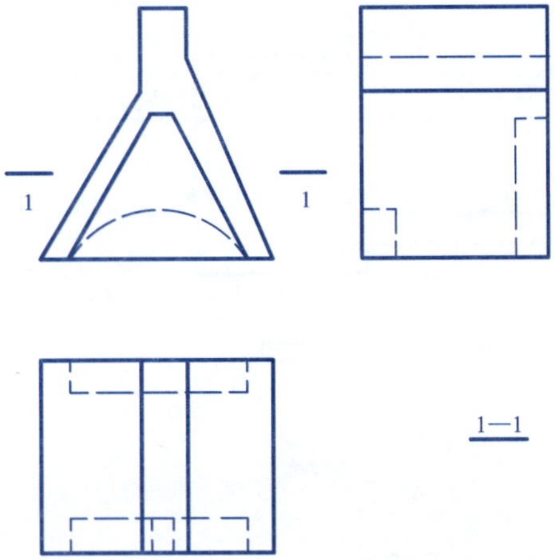

2.已知变截面梁的三视图,在指定位置画出 1—1、2—2 断面图。

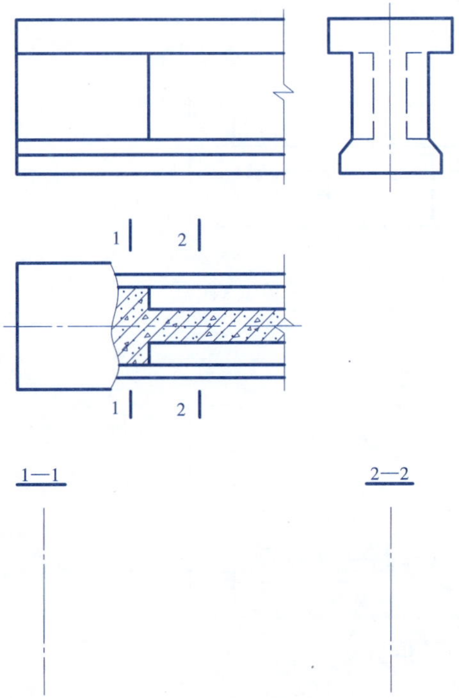

补画断面图

1.在指定位置画出止水木的1—1断面图。

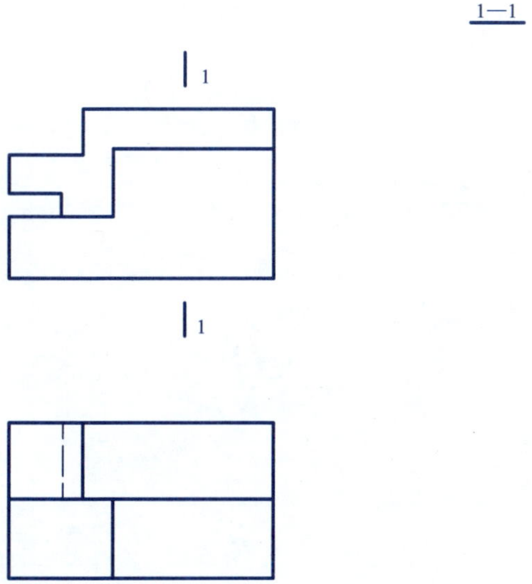

2.在指定位置画出涵洞洞身的1—1断面图(材料:拱圈为钢筋混凝土,其余为浆砌块石)。

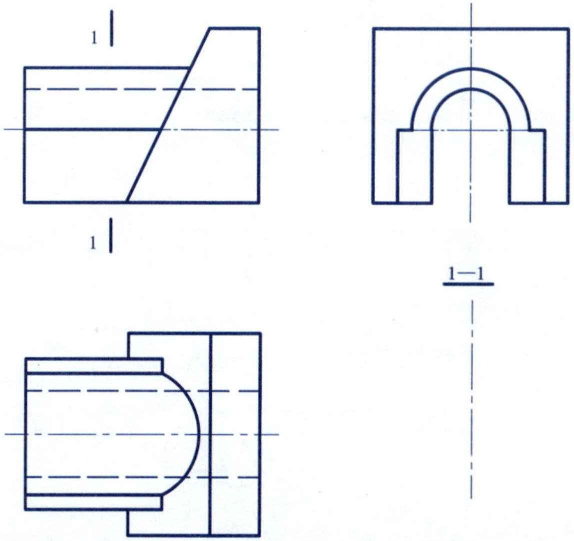

剖视图综合应用

要求：(1)分析视图，补全所有剖视图的标注；

(2)想象形体空间形状，分段画出轴测图；

(3)补画 D—D 阶梯剖视图。

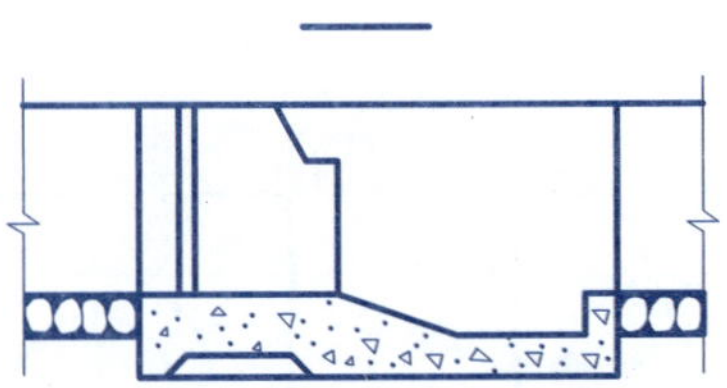

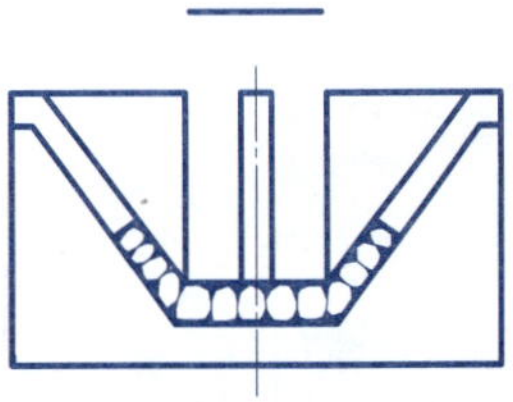

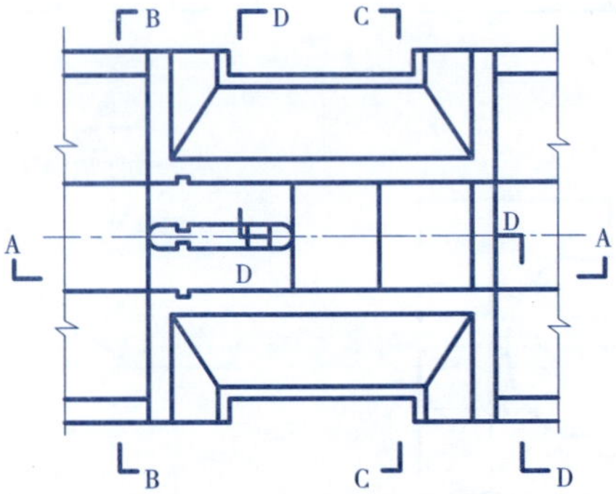

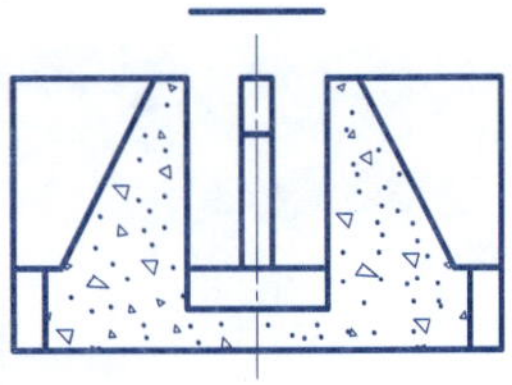

D—D

进(出)水段

闸室和底板段

岸墙

6-4　读图	班级		姓名		学号		页次	52

第七章 标高投影

已知直线 *AB* 的标高投影 $a_{4.3}$ $b_{9.3}$，求直线的整数标高点 5、6、7、8、9 等，以及直线的坡度

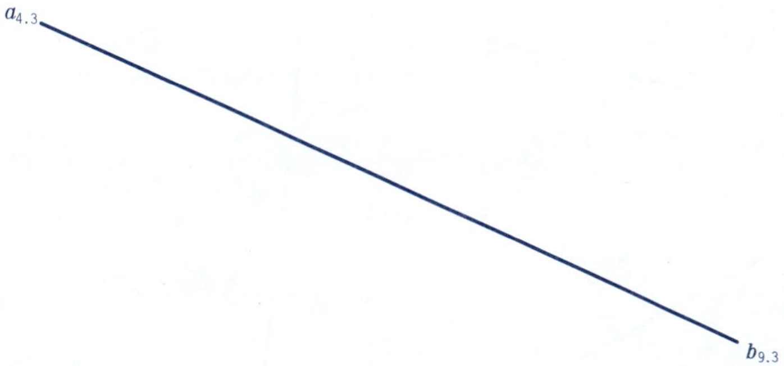

求作平面 *ABC* 上高程为 5、6、7 的等高线

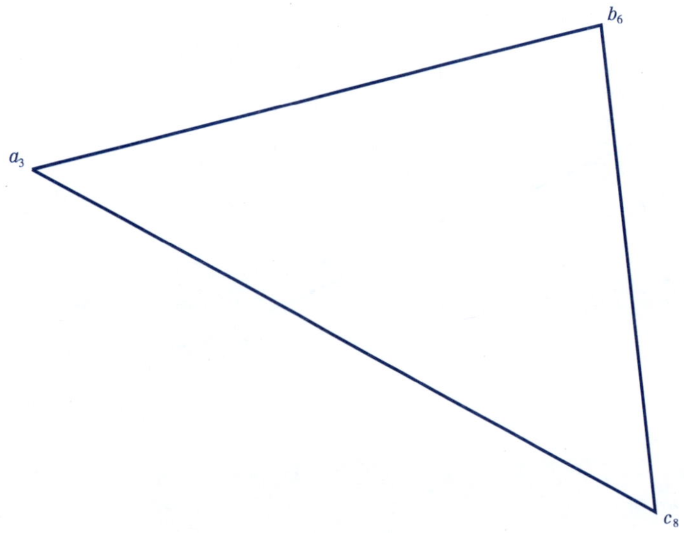

在高程为 2 m 的地面上修筑一平台,填方边坡为 1:1,求坡脚线及坡面交线(比例为 1:200)

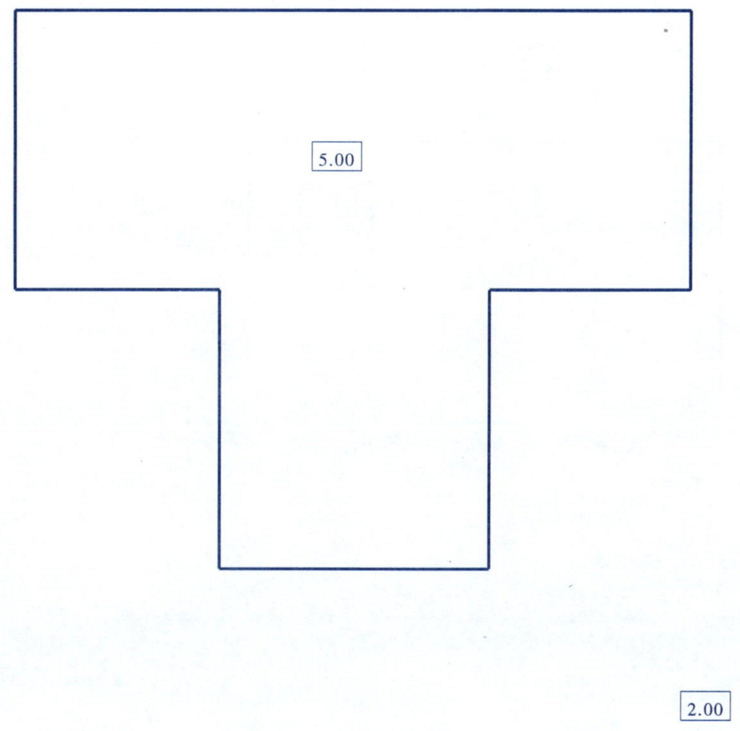

7-2　填挖方的标高投影(一)	班级		姓名		学号		页次	55

在高程为 2 m 的地面上开挖一基坑,挖方边坡如图所示,求作开挖线及坡面交线(比例为 1:200)

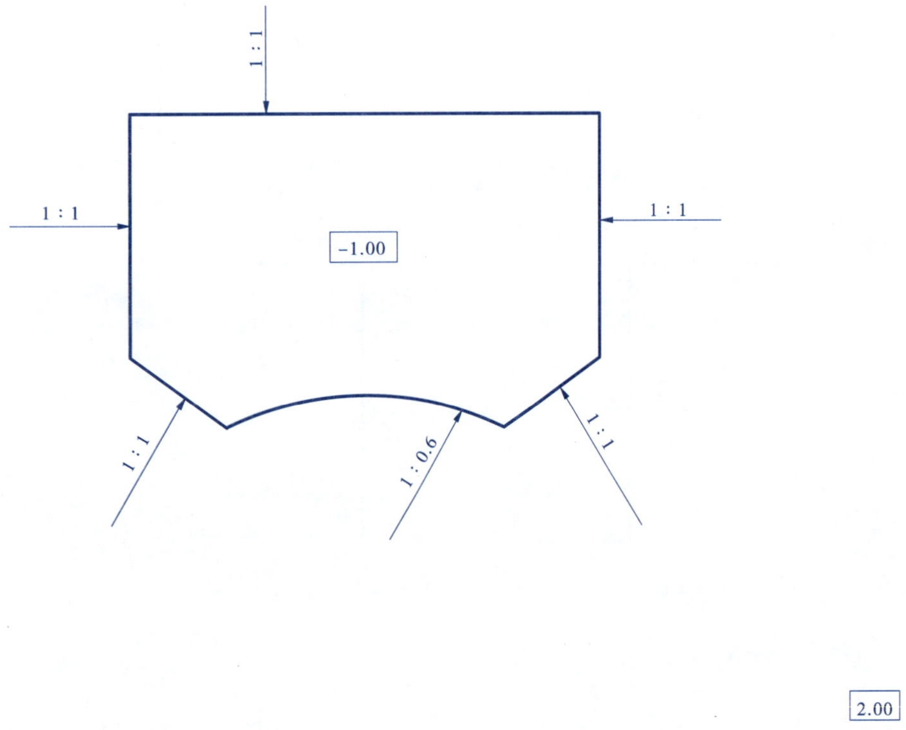

7-2 填挖方的标高投影(二)	班级		姓名		学号		页次	56

求锥面与堤岸和河岸连接的坡面交线及坡脚线(比例为 1:400)

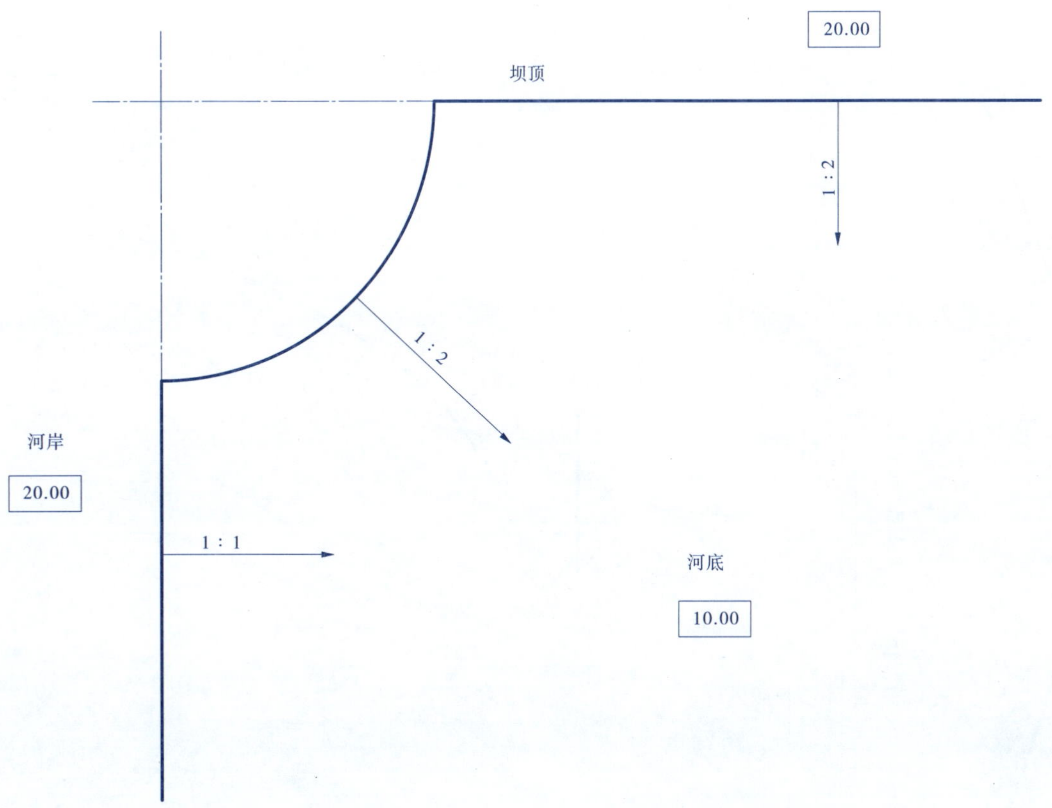

7-2 填挖方的标高投影(三)	班级		姓名		学号		页次	57

已知地形图上坝轴线的位置，试根据土坝标准断面图作出土坝坡脚线，并作 A—A 地形断面图

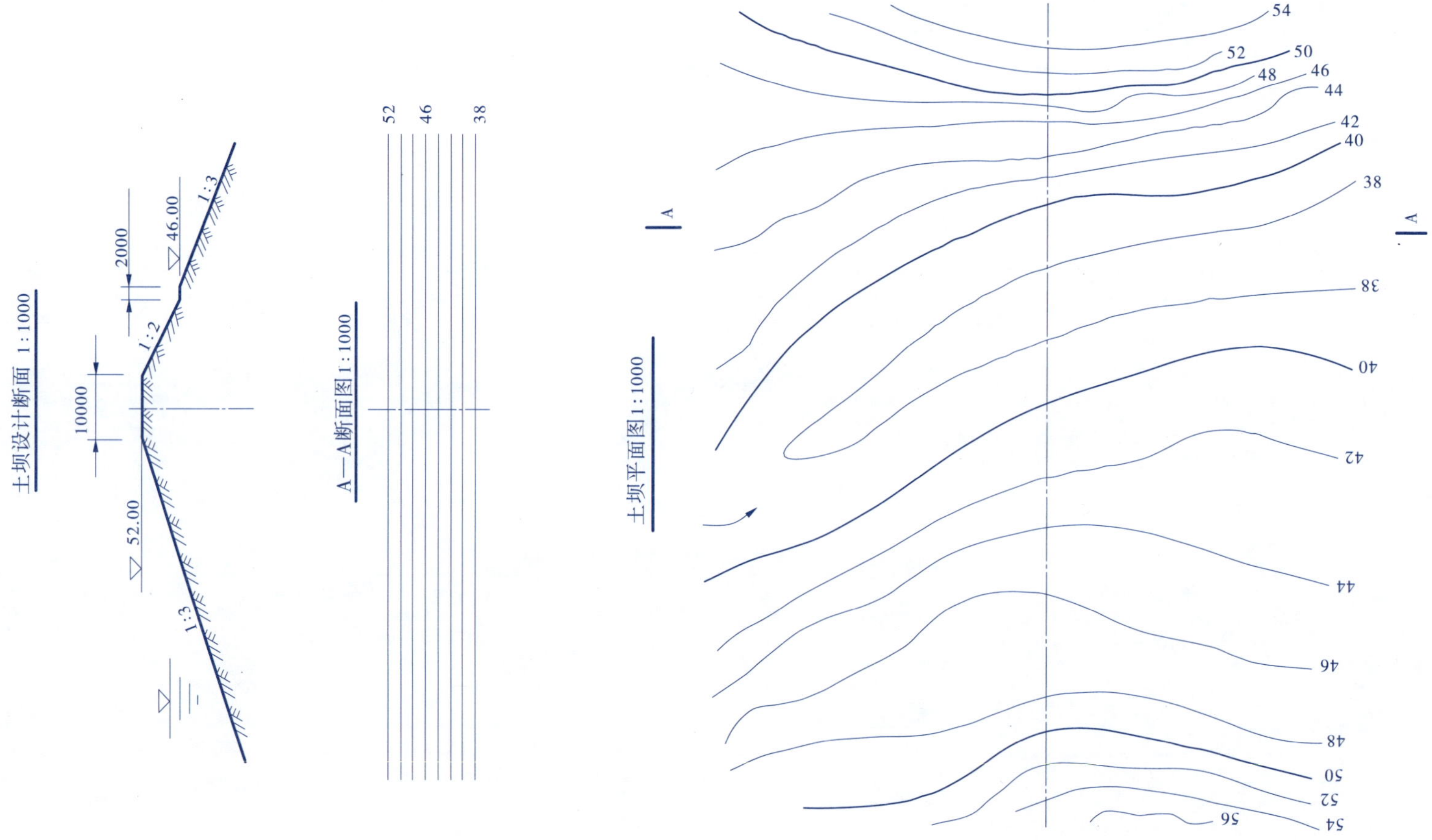

7-3 地形断面图	班级		姓名		学号		页次	58

在山坡上修筑一条道路，路面高程为25 m，挖方边坡为1∶1，填方边坡为1∶1.5，求各边坡与地面的交线（比例为1∶200）

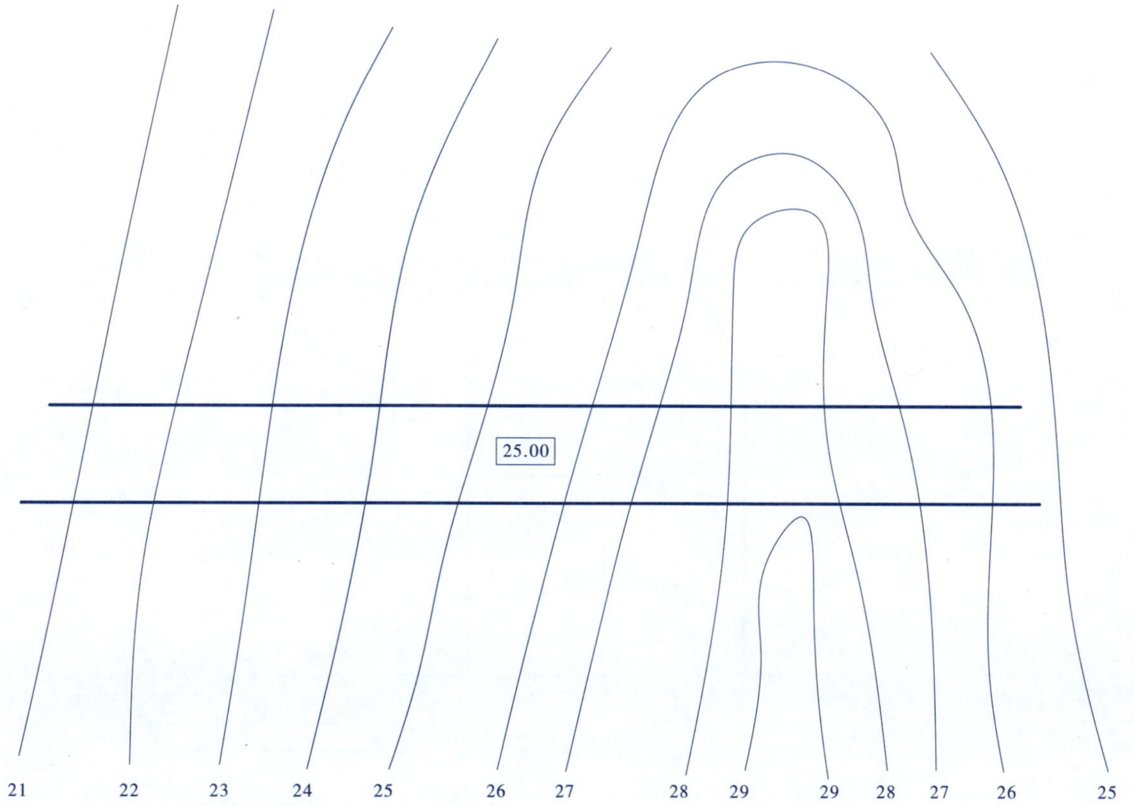

7-4　建筑物与地面的交线（一）	班级		姓名		学号		页次	59

在地面上修筑一平台，挖方边坡为1:1，填方边坡为1:1.5，求作各坡面与地面的交线

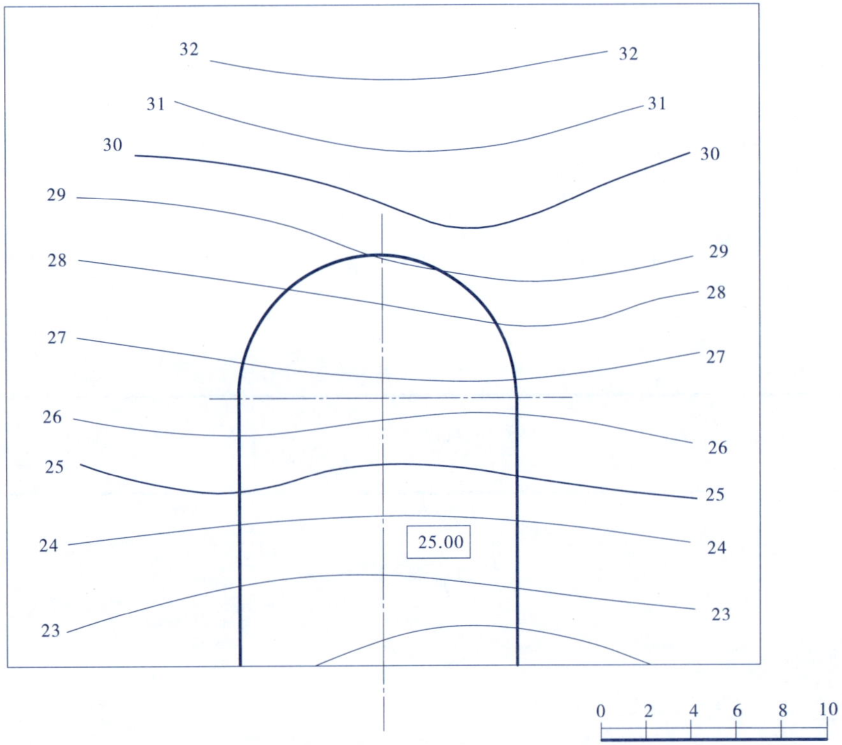

班级		姓名		学号		页次	60

第八章　水利工程图识读

按要求完成各题

1. 画出斜椭圆柱的侧面投影，并加画各图素线。

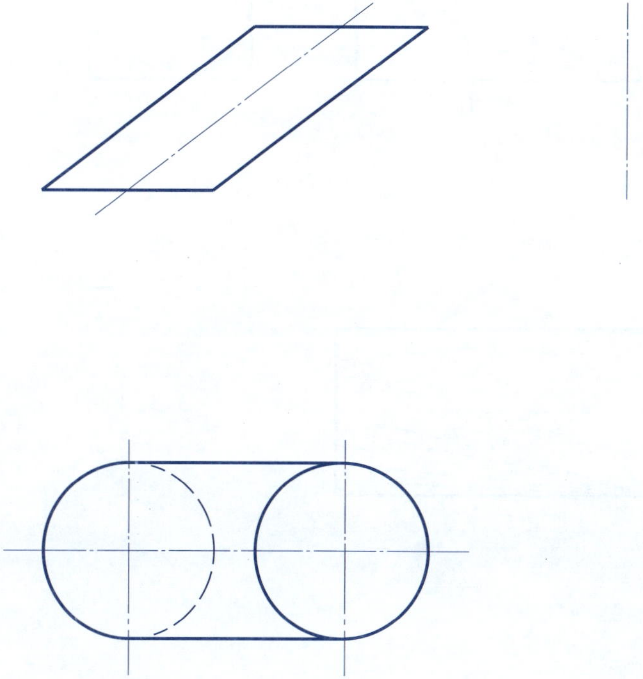

2. 画出斜椭圆锥的侧面投影，并加画各图素线。

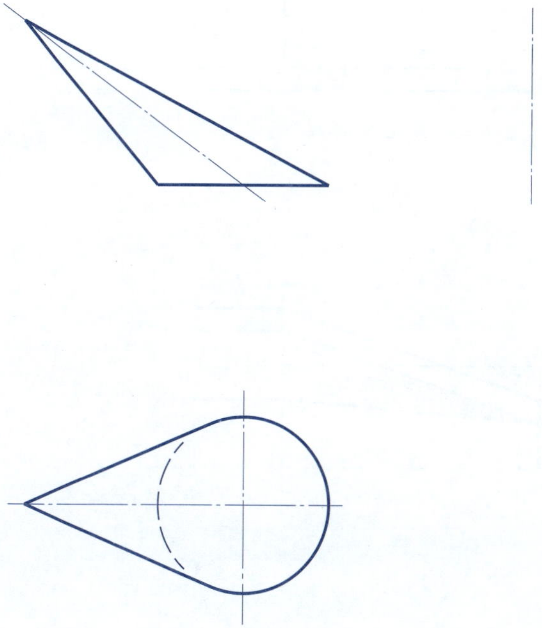

按要求完成各题

1.画出扭曲过渡段 A—A 断面图。

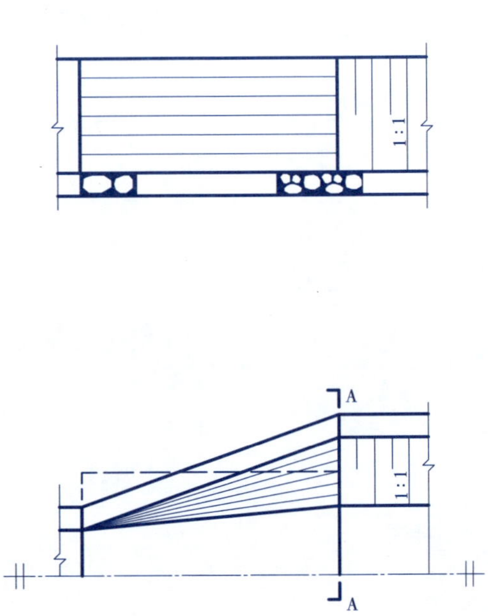

2.画出方圆渐变面 B—B 断面图。

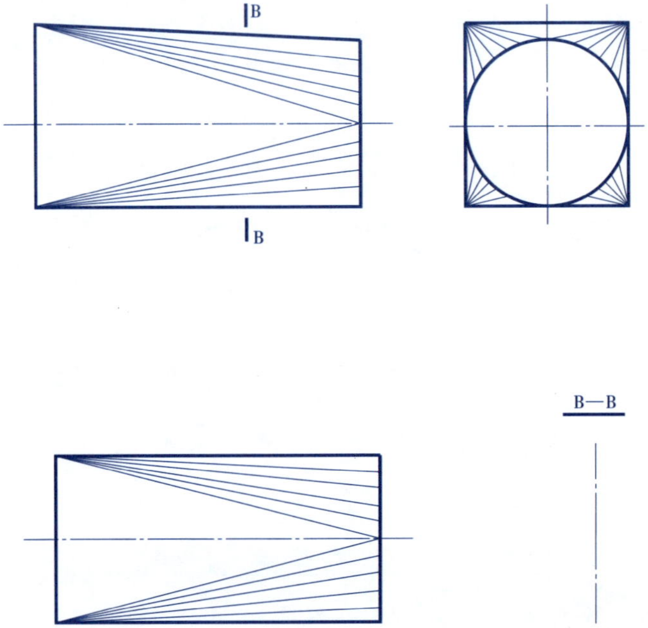

8-1 常见曲面的画法(二)	班级		姓名		学号		页次	62

回答问题

1.在水工图中,将视向逆水流方向所得到的立面图称为(　　)。

(a)下游立面图　(b)上游立面图　(c)左视图　(d)纵剖视图

2.表达水利工程的布局、位置、类别等内容的图样是(　　)。

(a)建筑物结构图　(b)规划图　(c)施工图　(d)下游立面图

3.溢洪道上某处的桩号为0+800.00,则表示该桩号(　　)。

(a)距离溢洪道的起点80 m　(b)距离溢洪道的终点80 m

(c)距离溢洪道的起点800 m　(d)距离溢洪道的终点800 m

4.高程的基准与测量的基准一样,采用统一规定的________为基准。

5.连接圆弧需标出圆心、半径、圆心角、切点、端点的尺寸,对于圆心、切点、端点除标注尺寸外还应注上________和________。

6.以下四个图形,哪个不是简化标注(　　)。

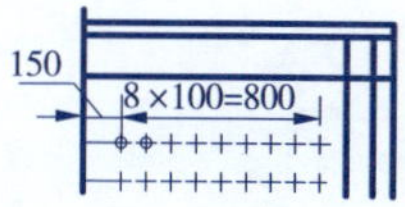

(a)

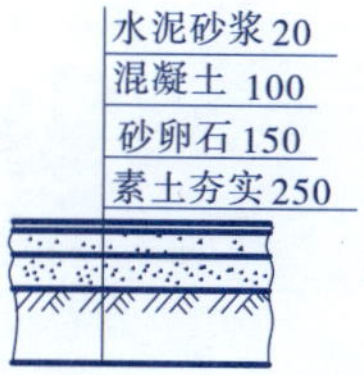

(b)

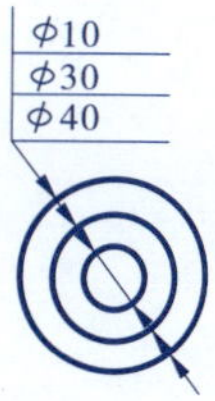

(c)

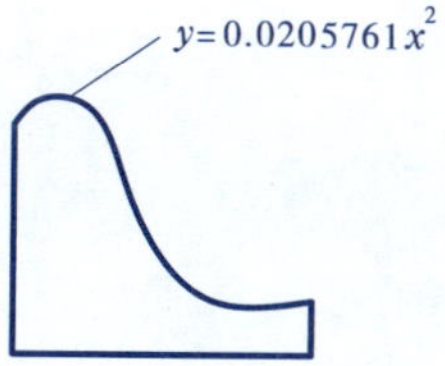

(d)

读下图，回答问题

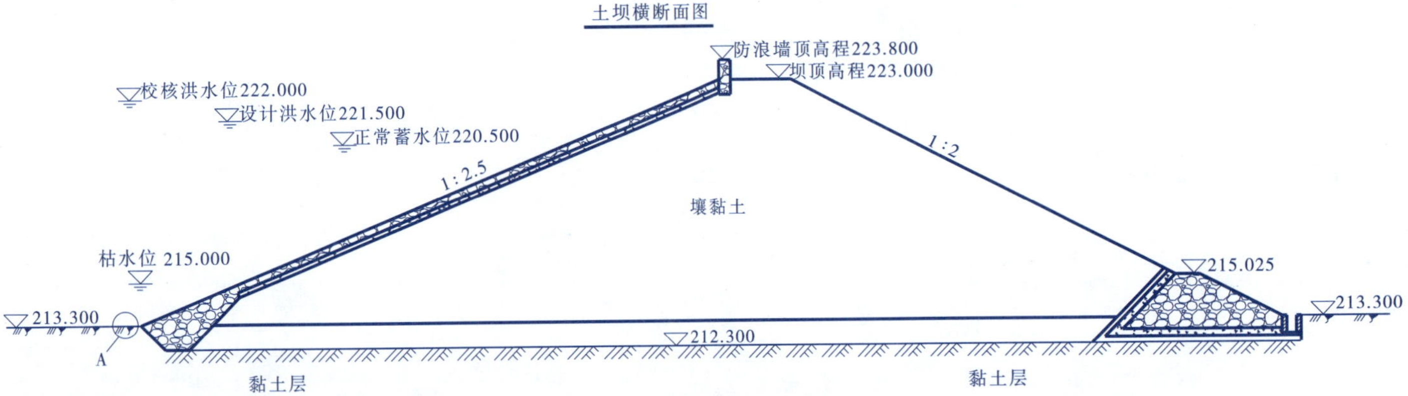

1.垂直土坝坝轴线剖切得到的断面图是(　　)。

(a)横剖视图　(b)纵剖视图　(c)纵断面图　(d)横断面图

2.本图 A 所代表的图例是____________________。

3.坝顶高程为____________m，迎水坡的坡度是____________。

4.下游坡脚处设置有____________________。

5.防浪墙高度为____________m。

读进水闸结构图，回答问题

A—A

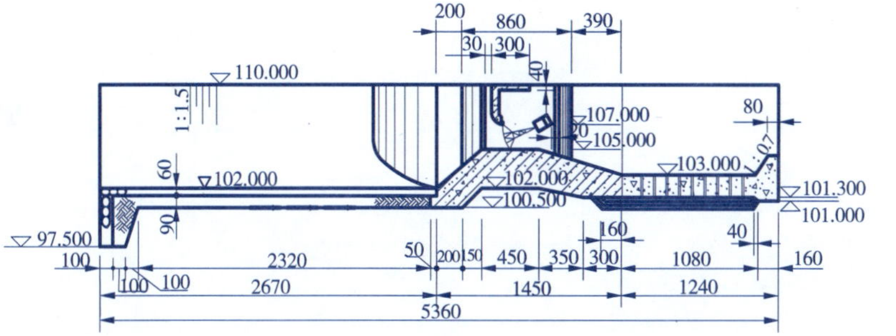

B—B

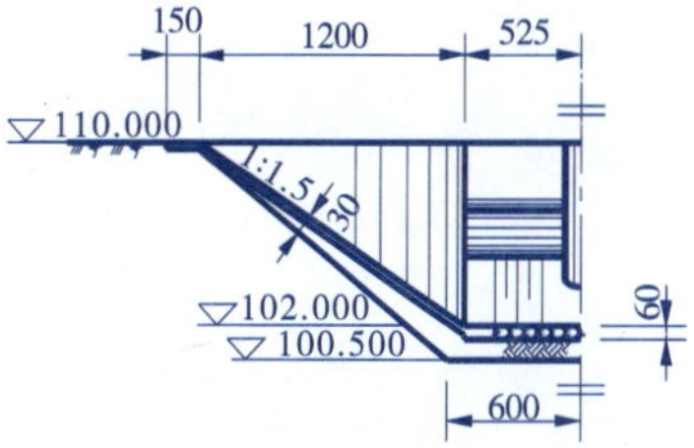

C—C

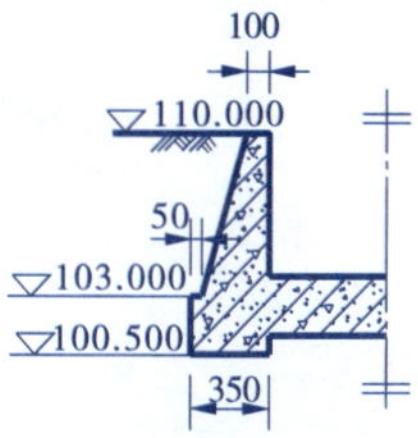

平面图

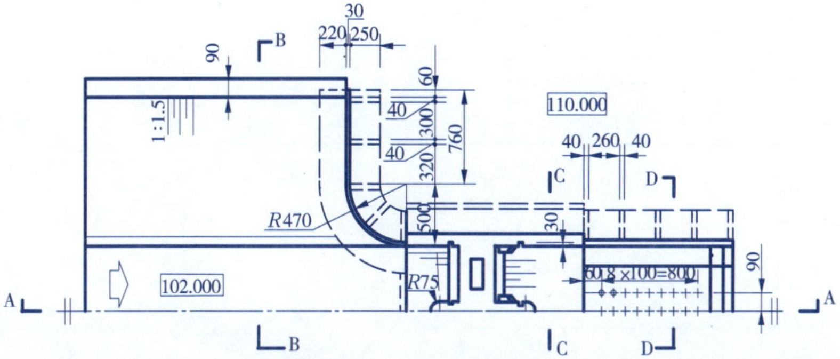

D—D

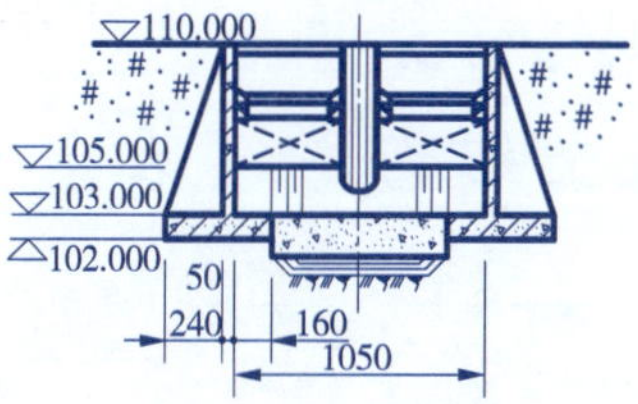

1.本图中 A—A 是________剖视图，B—B 是________图，C—C 是________图，D—D 是________图。

2.该进水闸消力池段的长度________ cm，宽度为________ cm，高度为________ cm。

3.读懂闸室段的形状和尺寸需要看____________________图，其中闸门采用________画法表示。

4.________图中显示了闸墩的特征形状。消力池底板上有________个排水孔，行间距和列间距分别为____________ cm。

第九章　钢筋混凝土结构图识读

根据有关知识填空
1.钢筋按生产工艺和强度等级的不同可分为________、________、________、________等多种强度等级。 2.按钢筋在梁、板、柱等构件中所起的作用不同，可分为________、________、________、________。 3.常见弯钩的形式有三种：________、________、________。 4.在钢筋混凝土构件的配筋图中，钢筋的编号一般采用先________，后________。 5.梁平面整体表示法是在____________________或____________________。 6.梁平面整体表示法包括____________________和____________________。 7.钢筋混凝土结构图包括______________________________、______________________________和____________________。 8.解释下列标注的意义 2Φ20 ____ Φ8@200 ____

9-1　钢筋图基本知识	班级		姓名		学号		页次	66

阅读钢筋图，补画2—2、3—3断面图，并补全钢筋表

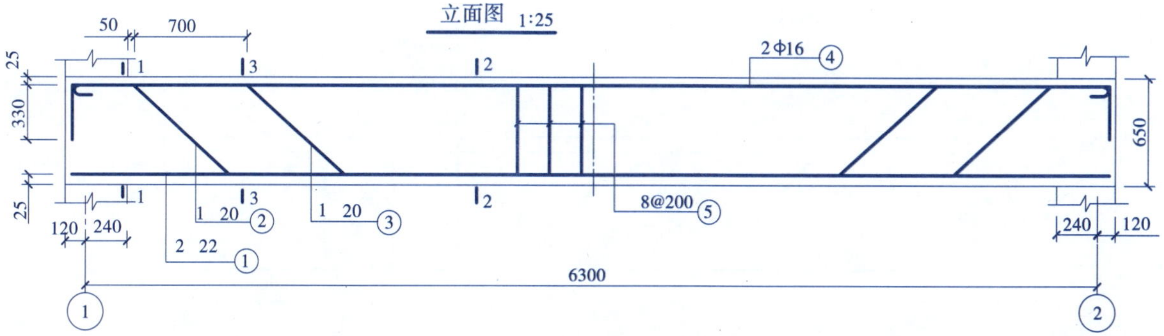

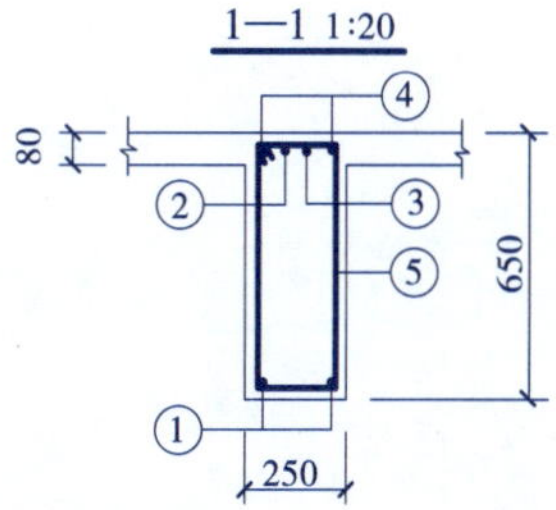

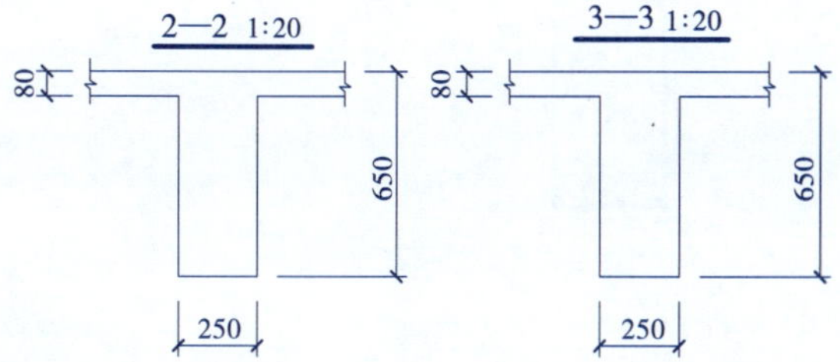

钢筋表

部位	编号	直径 (mm)	型式	单根长 (mm)	根数	总长 (m)
梁				6490		
				7606		
				7606		
				6690		
				1800		

阅读钢筋图，补画2—2断面图及3号钢筋的成型图

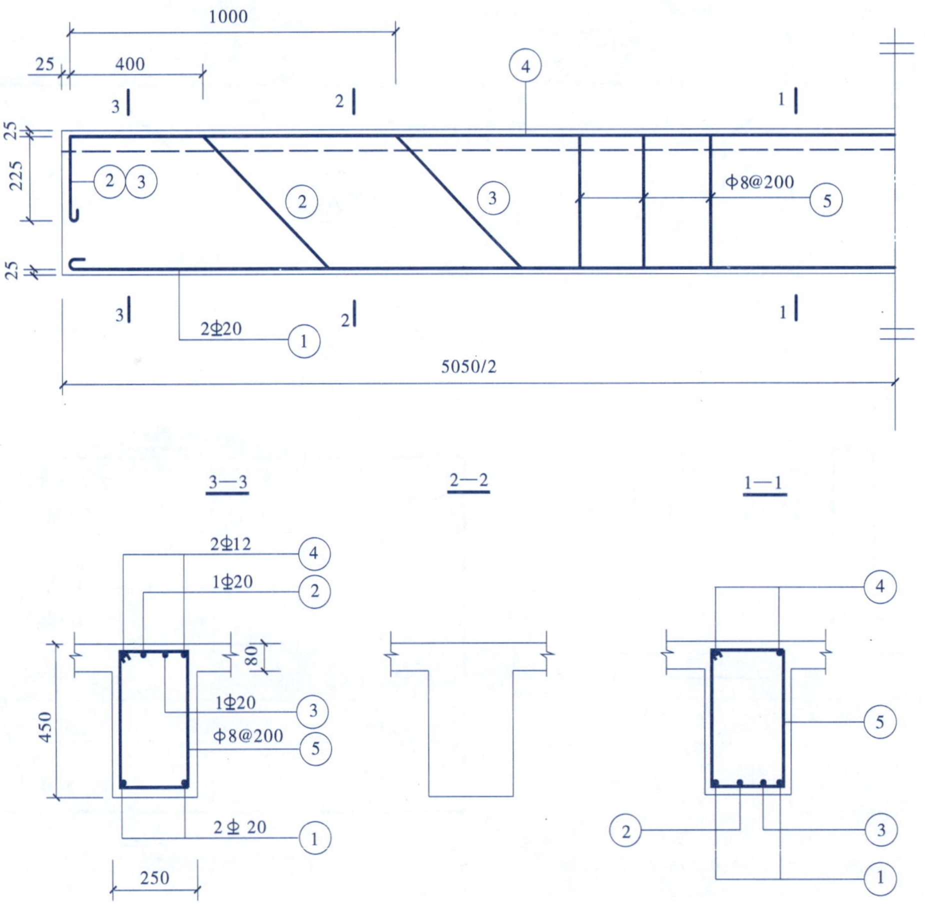

已知多跨梁的配筋平面图，绘制 1—1 断面图和 2—2 断面图（板厚 100 mm）

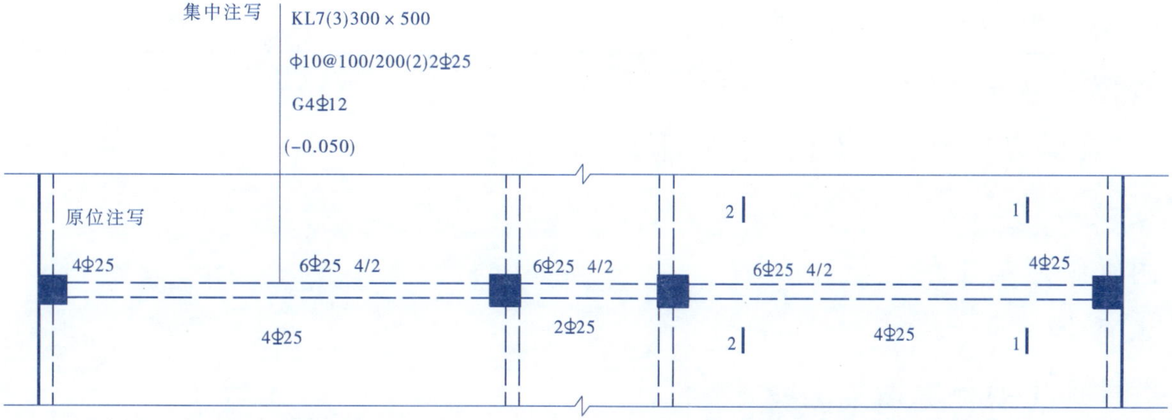

1—1 1:25

2—2 1:25

第十章　其他工程图识读

根据附图 1 和有关知识按要求完成各题

1.竖向定位轴线编号顺序是(　　)。

(a)从左往右　(b)从右往左　(c)从上往下　(d)从下往上

2.符号⊖含义是(　　)。

(a)详图在图纸编号为 1 的图纸上

(b)详图在本页上

(c)详图在编号为 1 的标准图集上

(d)详图忽略

3.标准层平面图既要反映建筑物的内容,又要反映________________的构造。

4.被剖切的墙、柱的轮廓线应为________绘制,没有被剖切的轮廓线应为________绘制,尺寸线、尺寸界线、引出线应为________绘制。

5.建筑平面图上应标注______________,本层标高是______________。

附图 1

某医院病房楼二层平面图

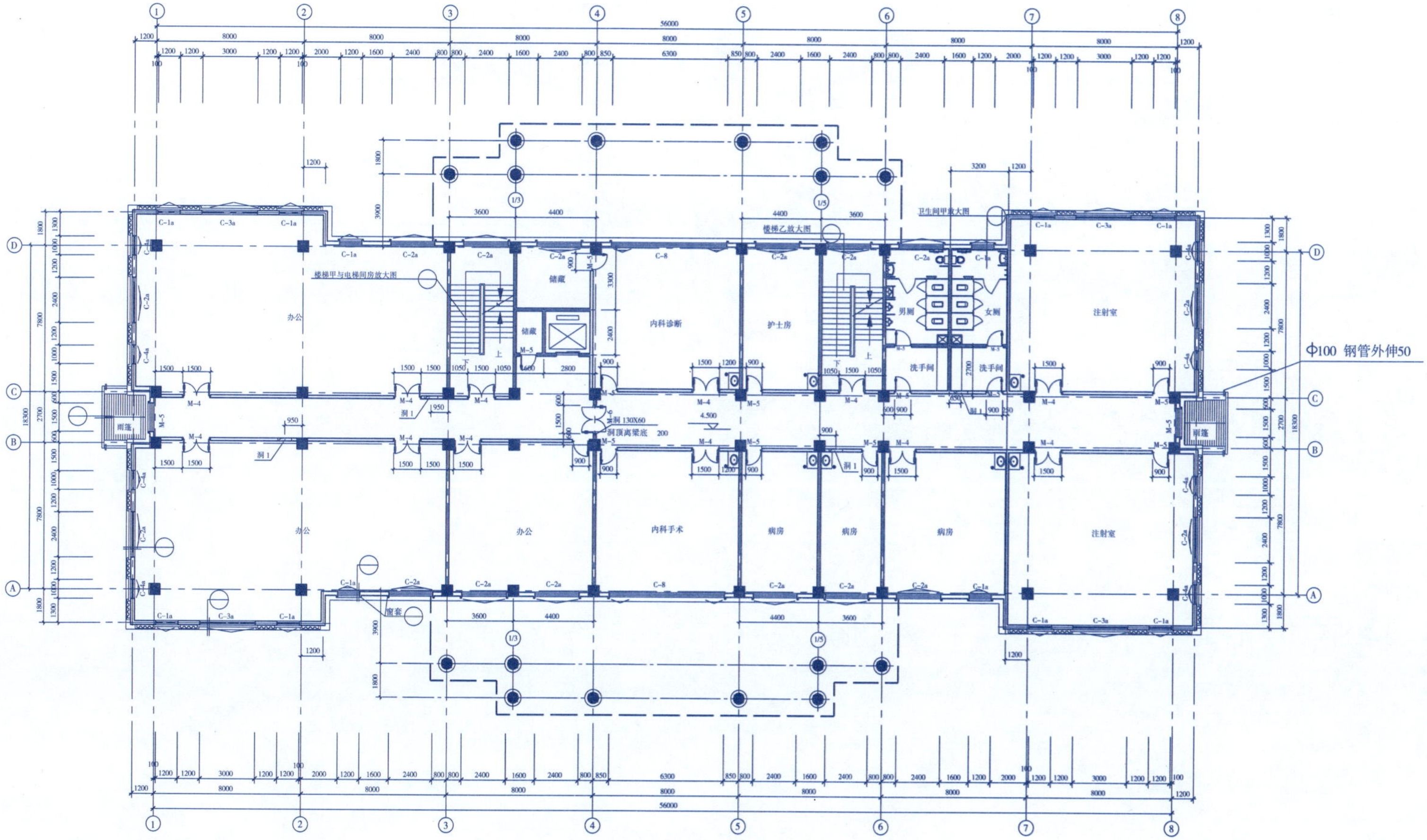

根据附图2和有关知识按要求完成各题

1.在底层管道平面图中各种管道都要按系统编号，系统的划分一般给水管道以________为一个系统，排水管道以________为一个系统。

2.在给水排水平面图和管道系统图中，一般情况，给水管线用__________表示，排水管线用__________表示。

3.识读给水系统图的顺序是____________________。

4.识读排水系统图的顺序是____________________。

5.在附图中，给水系统有______个，排水系统有______个。

附图 2

排水系统图 1:100

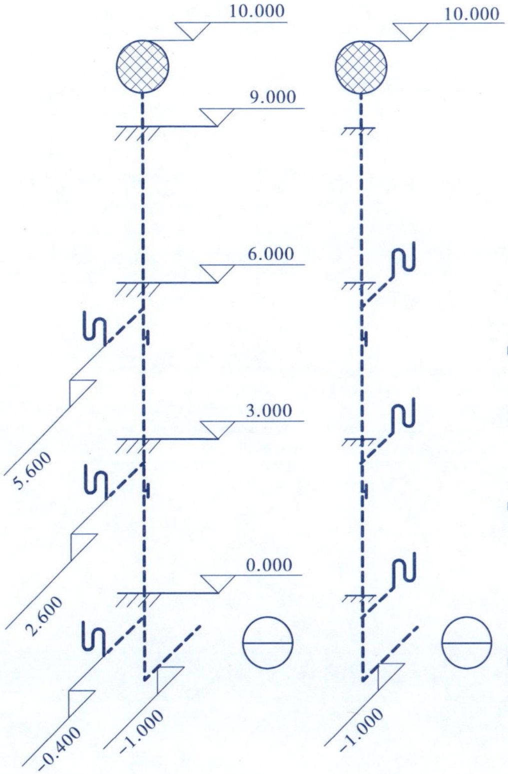

给水系统图 1:100

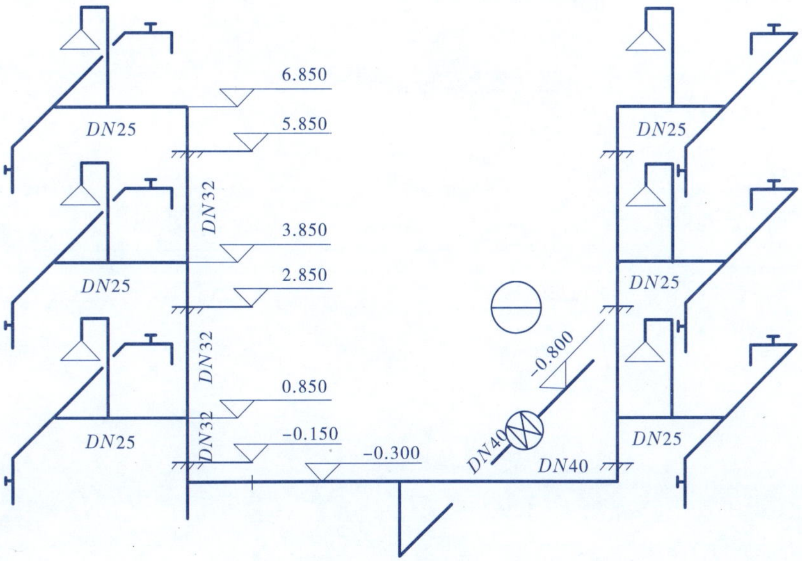

根据附图3和有关知识按要求完成各题

1.本图的水平比例是____________,竖向比例是____________。

2.路线纵断面图的作用是表达____________、____________和沿线设置构造物的概况。

3.路线平面图所采用的绘图比例较小,公路的宽度无法按实际尺寸画出,因此在路线平面图中,路线是用____________表示的。

4.路基横断面图在图下应注有________、________、________、________、________等。